工程建设 QC 小组
活动成果编写指要与案例

江苏省建筑行业协会工程建设质量管理分会
华仁建设集团有限公司　　主编
中亿丰建设集团股份有限公司

U0231206

中国建筑工业出版社

图书在版编目（CIP）数据

工程建设QC小组活动成果编写指要与案例/江苏省建筑行业协会工程建设质量管理分会，华仁建设集团有限公司，中亿丰建设集团股份有限公司主编.—北京：中国建筑工业出版社，2014.2

ISBN 978-7-112-16374-8

Ⅰ.①工…　Ⅱ.①江…　②华…　③中…　Ⅲ.①建筑工程-工程质量-质量管理　Ⅳ.①TU712

中国版本图书馆CIP数据核字（2014）第022232号

本书以中国质量协会、中国建筑业协会工程建设质量管理分会有关开展QC小组活动的文件、标准、教材等为依据，重点针对工程建设QC小组活动存在的不足，突出怎样编写工程建设QC小组活动成果，旨在进一步提升工程建设QC小组活动成果质量和水平。全书内容全面，资料翔实，实用性强，对工程建设QC成果编写具有一定的指导作用。

本书适用于从事工程建设的所有QC小组，并对提升QC小组活动能力、活动技能，培养QC小组骨干等方面有重要影响作用。

责任编辑：郦锁林　朱晓瑜
责任设计：董建平
责任校对：李美娜　陈晶晶

工程建设QC小组
活动成果编写指要与案例
江苏省建筑行业协会工程建设质量管理分会
华仁建设集团有限公司　主编
中亿丰建设集团股份有限公司

*

中国建筑工业出版社出版、发行（北京西郊百万庄）
各地新华书店、建筑书店经销
北京红光制版公司制版
北京同文印刷有限责任公司印刷

*

开本：787×1092毫米　1/16　印张：14¼　字数：395千字
2014年3月第一版　2014年3月第一次印刷
定价：**46.00**元
ISBN 978-7-112-16374-8
（25103）

《工程建设 QC 小组活动成果编写指要与案例》

主编单位、参编单位、编写人员、审稿人员名单

主编单位：江苏省建筑行业协会工程建设质量管理分会

　　　　　华仁建设集团有限公司

　　　　　中亿丰建设集团股份有限公司

参编单位：正太集团有限公司

　　　　　江苏中淮建设集团有限公司

　　　　　江苏华新建设工程有限公司

　　　　　南通华新建工集团有限公司

　　　　　江苏省华建建设股份有限公司

　　　　　常州第一建筑集团有限公司

　　　　　江苏武进建工集团有限公司

　　　　　镇江索普建筑安装工程有限责任公司

　　　　　南通卓强建设集团有限公司

编写人员：蔡　杰　祁　敏　徐　珣　钱艺柏　李少高　郝国利

　　　　　干兆和　程　杰　章　季　季洪波　徐其胜　余暑安

　　　　　周群利　赵铁松　王　黎　丁仁龙　顾国忠　毕会群

　　　　　王　清　沙峰峰　薛　磊

审稿人员：袁　艺　赵华中

序

  1978年，我国开始从国外引进全面质量管理，其中作为全面质量管理四大支柱之一的QC小组同时被引入。QC小组是指在生产或工作岗位上从事各种劳动的职工，围绕企业的经营战略、方针目标和现场存在的问题，以改进质量、降低消耗、提高人的素质和经济效益为目的而组织起来，运用质量管理的理论和方法开展活动的小组。QC小组是企业中群众性质量管理活动的一种有效组织形式，是职工参加企业民主管理的经验同现代科学管理方法相结合的产物。

  我国工程建设QC小组活动，是伴随全国QC小组活动的深入开展逐步发展起来的。多年以来，中国建筑业协会工程建设质量管理分会始终坚持倡导、鼓励企业员工积极参与企业管理、质量改进和创新，坚持开展群众性质量管理活动，普及推广先进质量管理理念和方法，做了大量卓有成效的工作，有力地推动了工程建设QC小组活动的开展。江苏省建筑行业协会和工程建设质量管理分会在组织开展这项活动中，紧密联系江苏省工程建设实际，认真贯彻中国质量协会、中国建筑业协会工程建设质量管理分会一系列文件精神和教材，始终坚持"小、实、活、新"的基本原则，大力组织全省建筑行业开展QC小组活动，大力培训和培养QC小组活动骨干队伍，大力开展QC小组活动成果发布交流活动，有效地促进了全省工程建设质量和质量管理水平的提升。

  江苏省建筑行业协会工程建设质量管理分会在组织开展QC小组活动中，注重针对存在的主要问题，采取有效措施加以改进，以不断提高QC小组活动水平，组织编写本书就是有力的说明。本书以中国质量协会、中国建筑业协会工程建设质量管理分会有关开展QC小组活动的文件、标准、教材等为依据，重点针对工程建设QC小组活动存在的不足，突出怎样编写工程建设QC小组活动成果，旨在进一步提升工程建设QC小组活动成果质量和水平。全书内容全面，资料翔实，实用性强，对工程建设QC成果编写具有一定的指导作用。

  希望《工程建设QC小组活动成果编写指要与案例》的出版，能够有效地指导全省工程建设QC小组活动开展，能够进一步提升QC小组活动成果水平。同时，也希望全省建筑行业系统持之以恒、标杆引领、突出重点、系统推进，持续深入地开展QC小组活动，创造新成果，作出新贡献！

江苏省建筑行业协会会长：高学斌

2014年1月6日

前　　言

我国工程建设 QC 小组活动，是伴随着全国 QC 小组活动的深入开展逐步发展起来的。工程建设 QC 小组活动是工程质量管理的重要组成部分，具有明显的自主性、广泛的群众性、高度的民主性、严密的科学性等特点。开展 QC 小组活动能够体现企业现代化管理以人为本的精神，调动全体员工参与质量管理、质量改进的积极性和创造性，可为企业提高质量、降低成本、创造效益，同时有助于提高职工素质，塑造充满生机和活力的企业文化。

本书以中国质量协会、中国建筑业协会工程建设质量管理分会有关开展 QC 小组活动的文件、标准、教材等为依据，重点针对工程建设 QC 小组活动存在的不足，突出怎样编写工程建设 QC 小组活动成果，旨在进一步提升工程建设 QC 小组活动成果质量和水平。全书主要由编写指要与案例两方面组成，共 6 章，主要内容包括：QC 成果编写概述、问题解决型自选目标 QC 成果编写、问题解决型指令性目标 QC 成果的编写、创新型 QC 小组活动成果的编写、QC 成果发布要求与注意事项、QC 小组活动成果案例及点评。全书内容全面，资料翔实，实用性强，对工程建设 QC 成果编写具有一定的指导和示范作用。

本书编写过程中征求了有关施工企业、QC 小组成员意见，参考了有关文献和资料，召开了多次讨论会并经反复修改完善，最后由有关专家审查定稿。由于本书内容涉及 QC 成果编写各个方面，可供参考资料有限，错漏之处在所难免，敬请读者谅解和指正。

本书可供工程建设 QC 小组活动主管部门、管理人员、QC 小组成员等学习参考。

目　　录

1 QC 成果编写概述

我国从 1978 年开始，随着改革开放和推行全面质量管理，质量管理小组即 QC 小组由点到面，蓬勃发展，经久不衰，显示出了强大的生命力。工程建设 QC 小组活动，是伴随全国 QC 小组活动的深入开展逐步发展起来的。

多年来，中国建筑业协会工程建设质量管理分会始终坚持倡导、鼓励企业员工积极参与企业管理、质量改进和创新，坚持开展群众性质量管理活动，普及推广先进质量管理理念和方法，做了大量工作，有效推动了工程建设 QC 小组活动开展。QC 小组活动经过 PDCA 循环后完成了课题的要求，就应认真总结活动的全过程，形成 QC 小组活动成果报告（以下简称 QC 成果），以便于汇报、发表、交流和评审，达到相互学习、相互促进、共同提高的目的。

1.1 QC 成果编写类型

QC 成果课题编写类型，根据 QC 小组活动的特点和内容，可分为两大类型，即：问题解决型 QC 成果和创新型 QC 成果。我们在总结编写 QC 成果时，通常分三种类型进行编写，第一种类型为：问题解决型自选目标 QC 成果；第二种类型为：问题解决型指令性目标 QC 成果；第三种类型为：创新型 QC 成果。其中，问题解决型指令性目标 QC 成果是一种特例，一般不作为一种类型分类，但本书为了便于大家学习和运用，特单列一类进行描述。

1.2 QC 成果编写依据

编写 QC 成果依据，通常包括以下几个方面：

1. 符合评审标准

我国目前采用的是中国质量协会组织制定颁布的 QC 小组活动成果的评审标准。这一标准，由现场评审和发表评审两个部分组成。

现场评审标准是 QC 小组活动成果评审的重要方面，评审项目包括：QC 小组的组织、活动情况与活动记录、活动成果及成果的维持、巩固、QC 小组教育；发表评审标准，分为"问题解决型 QC 小组活动成果发表评审表"和"创新型 QC 小组活动成果发表评审表"两种，因问题解决型和创新型 QC 小组活动程序有所不同，二者的评审内容和重点有些差异。因此，QC 成果编写时，一定要符合评审标准。

2. 符合 PDCA 活动程序

QC 小组活动是按 PDCA 循环的科学程序进行的，而成果报告是小组活动的真实写照，是依据活动过程编写的。因此成果报告的主要内容和结构也应体现 PDCA 循环过程。

3. 符合原始记录

QC 小组活动原始记录，是编写 QC 成果的重要依据和主要素材，其内容通常包括：

（1）小组开展集体活动的会议记录；（2）课题活动前对现状的调查资料，如质量、产量、消耗、成本、经济损失、用户意见、现场运行观测等方面的数据、调查记录；（3）活动中掌握的第一手资料、数据记录等；（4）对比资料，如课题主要目标（指标）和国内外同行业、本企业历史最好水平，活动前后的对比资料等。

4. 符合编写要求

QC 成果编写要求，通常包括：一是文字要精炼，表述要准确；二是程序要清楚，逻辑性要强；三是尽量使用图表、数据、示意图；四是成果要真实，不允许"倒装"；五是要根据课题抓住重点，突出一条主线；六是对专业性较强的技术术语要解释，采用法定计量单位。

5. 符合统计工具运用要求

QC 成果编写时，应结合成果内容，注意选择有效的统计工具。

1.3　QC 成果编写步骤

QC 成果是在小组活动原始记录的基础上，经过小组成员反复讨论总结整理出来的。在整理编写 QC 成果时，通常应按以下步骤进行：

1. 召开 QC 小组全体成员会议

会议应由 QC 小组组长主持，主要内容应包括：一是认真回顾本课题活动全过程，总结分析活动取得的成绩、经验和不足之处，包括选题是否适宜、现状调查分层分析是否合理，原因分析是否透彻、对策措施的步骤是否具体、实施过程描述是否有效展开、巩固措施是否落实等；二是确定 QC 成果编写内容和框架纲目；三是确定编写工作分工，包括主要执笔人、资料整理分工、编写工作阶段划分和完成时限，以及讨论修改时间和方式等。

2. 搜集整理小组活动原始记录和资料

QC 小组活动原始记录和资料的搜集整理按照分工要求实施，主要内容应包括：各种会议、学习情况记录；现状调查有关数据、图表、调查记录、原因分析、要因确认的过程；对策实施过程中的施工方案、样板试验、检测、分析的数据和记录；对比资料，主要是课题目标与国内外建筑业同行的对比资料，与企业历史最高水平的对比资料，活动前后的对比资料等。

3. 编写完成 QC 成果初稿

按照编写工作分工和框架纲目，在规定时限内执笔人编写完成 QC 成果初稿。在编写初稿时，执笔人要注意全面熟悉掌握原始记录和资料，按照 QC 小组活动的基本程序进行编写。

4. 组织修改形成 QC 成果终稿

执笔人完成 QC 成果初稿后，QC 小组组长应及时召开小组全体成员会议进行讨论修改，最后由执笔人作进一步修改、补充、完善，形成 QC 成果终稿。

5. QC 成果终稿上报企业主管部门备案或审核

QC 成果终稿中，涉及取得的经济效益、社会效益、技术或管理成果等，需要相关部门出具证明材料。

6. 根据 QC 成果终稿形成现场发布稿或交流稿

1.4　QC 成果编写形式

QC 成果的编写与表现形式，根据实际情况和需要，通常有以下几种形式。

1. "一张纸"形式

QC 成果"一张纸"形式，是指把 QC 小组活动的各步骤概要地整理在一张纸上，既便于交流，又便于保存。如有的企业 QC 小组成果以摘要的方式汇总在一张 A3 纸上，以图表数据为主，内容和重点突出，这种形式在企业工地、车间等内部交流效果很好。

2. "电子文档"形式

QC 成果"电子文档"形式，是指在电脑上进行 QC 成果编写，并保存在电脑中或刻成光盘，以便于内部发表交流。

3. "报告书"形式

此种形式是在全国或省（市）、行业发表交流时普遍采用的形式，有一定的格式要求，内容比较详细、规范，一般采用书面和电子文本方式，如果是发表用的还应制作成 PPT 演示文稿。

1.5　QC 成果编写内容

根据 QC 小组活动的特点和内容，在编写 QC 成果时通常按 PDCA 循环的阶段和活动程序进行叙述，按照通常的三种 QC 成果编写类型，其编写内容如下。

1. 问题解决型自选目标 QC 成果编写内容

问题解决型自选目标 QC 成果，其编写内容通常包括 12 个部分，即：（1）工程概况；（2）QC 小组简介；（3）选择课题；（4）现状调查；（5）设定目标；（6）原因分析；（7）确定主要原因；（8）制定对策；（9）对策实施；（10）效果检查；（11）巩固措施；（12）总结与下一步打算。

2. 问题解决型指令性目标 QC 成果编写内容

问题解决型指令性目标 QC 成果，其编写内容通常包括 11 个部分，即：（1）工程概况；（2）QC 小组简介；（3）选择课题；（4）设定目标及目标可行性分析（也可分成两个部分）；（5）原因分析；（6）确定主要原因；（7）制定对策；（8）对策实施；（9）效果检查；（10）巩固措施；（11）总结与下一步打算。

3. 创新型 QC 成果编写内容

创新型 QC 成果，其编写内容通常包括 10 个部分，即：（1）工程概况；（2）QC 小组简介；（3）选择课题；（4）设定目标及目标可行性分析；（5）提出各种方案，并确定最佳方案；（6）制定对策；（7）对策实施；（8）效果检查；（9）标准化；（10）总结与下一步打算。

1.6　QC 成果编写要求

1. 要认真做好编写准备工作

编写一份质量和水平较好的 QC 成果，准备工作十分重要。编写成果报告，实际上是一个学习提高的过程。要对课题整个活动过程进行认真回顾和分析，不能仅仅靠成果的起草人，而应靠小组全体成员的共同努力，靠集体的力量和智慧。而集体总结就需要做好充分的准备，内容应包括：一是确定成果的中心内容，本次课题活动中主要解决了什么问题，产生问题的主要原因，采取了哪些主要措施，取得的主要成绩，以及本课题的最大特色（特点）是什么，确定成果的编写提纲；二是确定编写工作分工；三是全面熟悉掌握原始记录和相关资料，等等。

2. 要按照 QC 小组活动程序进行编写

QC 小组活动程序是编写成果的首要依据。首先，必须按活动程序对活动全过程进行回顾总结，同时要做到前后呼应、紧密衔接、条理清楚；其次，必须要有很强的逻辑性，程序清晰，环环相扣，顺理成章，具有说服力。

3. 要根据 QC 小组活动课题突出重点

在编写 QC 成果时，必须根据课题抓住重点，突出一条主线，不要每个步骤都用同样的笔墨平铺直叙，一定要注意把本次课题活动的特点体现出来，特别是要把小组活动中下功夫最大、最能体现小组协作努力和创造精神的部分充分反映在成果报告中。

4. 要注重文字精练和简明扼要

在编写 QC 成果时，文字要精练，程序要清楚，逻辑性要强，尽量使用图表、数据、示意图，尽量做到图文并茂、简洁清晰。同时，开头要引人入胜，结尾要令人回味。

5. 要采用法定计量单位

法定计量单位是指国家以法令的形式，明确规定并且允许在全国范围内统一实行的计量单位。我国于 1984 年由国务院发布了《关于在我国统一实行法定计量单位的命令》，并颁布了《中华人民共和国法定计量单位》。在编写 QC 成果时，凡是使用计量单位的，必须采用法定计量单位。

6. 要对专业性较强的技术术语作解释

在编写 QC 成果时，要尽量用通俗易懂的语言进行叙述，力争不用专业技术性太强的名词术语，如果实在需要用的，要注意作出解释，以便交流时使大家听得懂、看得明白。

7. 要注意正确应用有效的统计工具

在编写 QC 成果时，统计工具应从"老七种"、"新七种"以及其他常用工具中选用，特别要注意选用有效、合理的统计工具。有的简单、有效的统计工具，只要能充分说明问题就应提倡使用。

2 问题解决型自选目标 QC 成果编写

问题解决型自选目标 QC 成果，是 QC 课题类型中很常用的一种类型。在编写 QC 成果时，应按照自选目标 QC 成果的程序和内容要求进行编写。

2.1 工程概况

2.1.1 编写内容

工程概况一般只写与课题有直接或间接关联的工程情况，内容包括：

(1) 工程名称、用途。

(2) 工程地点、周边环境。

(3) 工程规模，包括建筑面积、层数、高度等。

(4) 与本课题相关的建筑特征（点）和结构特征（点）。

(5) 课题对该项目工程质量管理的重要性。

(6) 与课题相关的工程进度和质量管理目标。

(7) 工程其他情况，如平面图、图片等。

2.1.2 注意事项

(1) 以上内容要紧紧围绕课题来写，不要把施工组织设计中的工程概况照搬过来。如果与课题完全无关，不必要写。

(2) 工程概况一般直接用文字描述，可插入工程特征照片，以增加视觉效果。

(3) 工程概况介绍，可占"Microsoft PowerPoint"或者"WPS 演示"2～3 个页面，最多不超过 3 个页面。

(4) 工程概况可以运用简易图表，尤其是图片运用特别有效。

2.1.3 案例与点评

《提高复杂曲线形梁施工精度》的工程概况

某市规划展示馆工程位于新城中心区，北临南徐大道，西侧为在建的檀山西路。本工程为现浇钢筋混凝土框架结构，地下一层，地上四层（局部有夹层），建筑物长约 82.8m，宽约 66m，建筑面积 20148m^2（图 2-1）。建成后的规划展示馆，将成为市政府对外宣传城市建设形象的重要窗口，同时也将是社会各界群众了解和参与城建规划的重要场所。

本工程的设计中大量运用了曲线形现浇混凝土结构。总体模型展厅设计为椭圆形，长轴长 36.4m，短轴长 26.8m；东侧设计有圆形大会议室；北外墙设计有 11 段不同圆心、多半径、多圆心角的圆弧线悬挑梁，圆弧梁长 52.7m，最大圆弧半径 39.1m，最大悬挑跨度 7.1m，且有多段圆弧圆心处于建筑物以外，立面以弧形幕墙饰面。

本工程于×年×月×日开工，质量目标是确保"×杯"、争创"×奖"。

5

图 2-1 某市规划展示馆

案 例 点 评

本案例工程概况的内容基本完整，叙述简洁、明了，与课题密切相关的特征部位，用数据进行说明；所附效果图能够清楚地表示与课题相关的建筑特点。

改进建议：增加有关曲线形梁的平面图，并附适当文字说明，以更好地说明其复杂程度；应简要说明施工条件等情况。

2.2 QC 小组简介

2.2.1 编写内容

一般应包括下列内容：

（1）小组名称，应写明单位、部门（班组）或项目。如"××公司××项目经理部QC 小组"。

（2）成立日期，即获企业内部管理部门批准的日期。

（3）课题类型，包括现场型、攻关型、管理型、服务型。

（4）小组人数，由 3～10 人组成；人数太多不便于组织活动，也不符合"小组"的称呼，人太少工作又难以开展。

（5）小组的注册时间及注册号。小组在活动期内应每年都要进行一次注册，以便管理部门掌握小组的变动情况或小组是否还存在。注册管理部门一般由企业主管 QC 活动或技术的部门担任，也可按当地专业协会的管理执行。

（6）课题的注册时间及注册号。每个课题只在选定课题、开展活动前注册一次，注册管理部门一般由企业主管 QC 活动或技术的部门担任，也可按当地专业协会的管理执行。

（7）活动时间，指活动的开始和结束时间。

（8）人员情况，包括姓名、年龄、性别、职务、职称、工种、学历、组内分工、QC知识教育情况以及备注。

（9）活动频率，即平均多长时间进行一次活动，也可记录活动的次数。

2.2.2　注意事项

（1）凡是小组自制的图表，都应标注制图人、制表人、日期。

（2）插入的图片、照片，也应标注制图人、日期。

（3）小组注册号和课题注册号都应反映。

（4）对于现场型的课题应注意吸收班组成员参加 QC 小组活动。

（5）编写时可以运用简易图表、调查表、网络图和图片，其中简易图表运用特别有效。

2.2.3　案例与点评

《提高现浇筒体内模薄壁管混凝土空心楼盖施工质量》的 QC 小组简介

（1）QC 小组概况，见表 2-1。

QC 小组概况　　　　　　　　　　　　　　　表 2-1

小组名称	××项目 QC 小组	组建时间	×年×月
课题名称	提高现浇筒体内模薄壁管混凝土空心楼盖施工质量	小组注册编号	THX-QC-2012-02
课题类型	攻关型	年检编号	THX-QC-2012-01
活动时间	×年×月～×年×月	课题登记号	THX-QC-2012-09
小组人数	10 人	出勤率	95％
QC 培训情况	小组成员接受过 60h 以上 QC 知识培训，多次主持或参加过的 QC 小组活动成果曾获得国家、省、市优秀 QC 成果奖		

制表人：×××　　　　　　　　　　　　　　　　　　　制表日期：×年×月×日

（2）QC 小组成员简介，见表 2-2。

QC 小组成员简介　　　　　　　　　　　　　表 2-2

序号	姓名	性别	年龄	学历	小组职务	职 称	小组分工
1	×××	女	48	大专	顾 问	高级工程师	技术顾问
2	×××	男	40	本科		高级工程师	策划顾问
3	×××	男	41	大专	组 长	工程师	策划实施
4	××	男	50	中专	副组长	助工	组织实施
5	×××	男	34	大专	技术管理	工程师	技术管理
6	×××	男	36	中专	施工员	助工	负责实施
7	××	男	41	中专	质检员	助工	质量管理
8	×××	男	38	高中	安全员	技术员	安全管理
9	×××	男	32	中专	资料员	技术员	资料收集
10	×××	男	39	高中	材料员	技术员	材料管理

制表人：××　　　　　　　　　　　　　　　　　　　制表日期：×年×月×日

案 例 点 评

本案例采用表格对 QC 小组的基本情况进行介绍,简洁明了、内容基本完整;第一张表格对小组名称、组建时间、年检编号等小组概况进行介绍,第二张表格对小组成员进行介绍,分类恰当,表述清楚;由于 QC 小组活动时间跨年度,案例中注明了注册编号和年检编号,体现了 QC 小组活动的规范性。

改进建议:组建时间和活动时间应具体到日期;在小组成员简介表中,应增加每个小组成员参加 QC 小组活动知识培训的课时,并且宜增加平均年龄等数据。

2.3 选择课题

2.3.1 编写内容

(1) 选题的理由主要来自几个方面:

1) 为实现企业质量方针和提高管理水平的需要。

2) 提高工程质量和自身素质的需要。

3) 满足用户日益增长需求的需要。

4) 其他特定、特殊的要求。

(2) 课题类型包括现场型、攻关型、管理型、服务型。

1) 现场型:以班组和工序现场的操作工人为主体组成,以生产现场为主要活动范围,以稳定工序质量,改进产品质量,降低消耗,改善生产环境为目的的课题。

2) 攻关型:由管理人员、技术人员和有经验的操作人员三者结合组成的,以解决技术关键问题为目的的课题。

3) 管理型:由管理人员组成的,以提高业务工作质量、解决管理中存在的问题、提高管理水平为目的的课题。

4) 服务型:由从事服务工作的职工群众组成的,以推动服务工作标准化、程序化、科学化,以及提高服务质量和效益为目的的课题。

(3) 选题内容

1) 所选课题应与上级方针目标相结合,或是本小组现场急需解决的问题;

2) 课题名称要简洁明确地直接针对所存在的问题;

3) 在阐述选题理由时,要注意用数据"说话";

4) 原有质量状况已清楚掌握,数据充分;

5) 工具运用正确、适宜。

2.3.2 注意事项

(1) 课题不能直接把找出主要问题的手段列入其中,如影响异型柱混凝土质量的两个主要问题是"混凝土强度偏差"和"混凝土接缝高低差",课题就不能是"控制混凝土配合比,提高异型柱的混凝土强度",而应为"提高异型柱混凝土质量的一次验收合格率"或"确保混凝土异型柱的施工质量"。

(2) 课题名称的确定要简洁、明确,不要包含多个内容。如"提高焊接施工效率,改进钢筋焊接焊瘤质量",就包括了"提高效率"和"改进质量"两个内容。还应避免出现"精心组织,科学运用 QC 程序,严格控制混凝土裂缝的发生"、"鼓足干劲、力争上游,搞好现场安全文明施工"、"运用 PDCA 循环，解决钢筋焊接施工难题"等这类空洞、模糊的课题。

（3）课题的组成一般是回答三个问题：怎样？针对的对象？解决的问题？

"怎样"的对象：提高、改善、加强、降低、消除、避免等动词；

"对象"的对象：指产品、工序、过程和作业名称；

"问题"的对象：一般是指标性的名称，就是要解决的问题。如：效率、精度、成本、消耗等。

如：降低砌体工程施工返工率。

（4）选题理由应具体，不空洞、不抽象、不模糊，要有数据分析和统计工具应用，包括企业或同行过去的水平情况，要充分体现选题的重要性和紧迫性。

2.3.3 案例与点评

《提高现浇钢筋混凝土坡屋面施工质量一次合格率》的选择课题

选题理由：

（1）为了确保本次课题的必要性，我们小组成员结合本工程实际，对本工程的施工难点从重要性、紧迫性、难度系数和经济性进行了调查、对比与分析评价，见表 2-3。

小组课题选择评价表　　　　表 2-3

序号	课题名称	重要性	紧迫性	难度系数	经济性	综合得分
1	模板安装施工质量控制	▲	▲	▲	●	29
2	H、L 型剪力墙的施工质量控制	▲	★	▲	●	31
3	住宅工程开间尺寸的质量控制	★	▲	▲	★	36
4	提高现浇钢筋混凝土坡屋面施工质量一次合格率	★	★	★	▲	38

制表人：×××　　　　　　　　　　　　　　　制表日期：×年×月×日

图例：★—10 分，▲—8 分，●—5 分。

由以上评价得出"提高现浇钢筋混凝土坡屋面施工质量一次合格率"是我们小组头等迫切需要攻关的课题。

（2）根据×年公司第一季度质量大检查对在建项目住宅工程的质量抽查，发现坡屋面存在的质量问题较多，直接影响到了住宅工程主体结构的质量和进度，公司第一季度坡屋面施工质量检查调查表见表 2-4，坡屋面施工质量合格率柱状图见图 2-2。

公司第一季度坡屋面施工质量检查调查表　　　　表 2-4

工程名称检测情况	项目一屋面	项目二屋面	项目三屋面	项目四屋面	项目五屋面	合　计
合格点	140	82	171	120	67	580
不合格点	25	8	29	30	13	105
合格率（%）	84.8	91.1	85.5	80	83.75	84.67
平均合格率	580÷（580+105）=84.67%					

制表人：×××　　　　　　　　　　　　　　　制表日期：×年×月×日

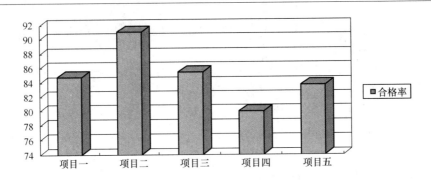

图 2-2　公司第一季度坡屋面施工质量检查合格率柱状图

制图人：×××　　　　　　　　　　　　　制图时间：　×年×月×日

按以上分析，公司住宅工程坡屋面的施工质量合格率为 84.67%，离企业标准主体质量合格率≥90% 和住房和城乡建设部优良评价≥85 分的要求尚有一些差距。

（3）由于坡屋面的坡度大，本工程达到 35°以上，在坡屋面混凝土浇筑时因混凝土坍落度不能过低，混凝土浇筑上去极易流向坡底，从而导致混凝土浇筑难度大，很难一次浇筑成型。所以小组最终选定了"提高现浇钢筋混凝土坡屋面施工质量一次验收合格率"的攻关课题，同时也为后续的屋面防水施工打下良好的基础。

案　例　点　评

本案例选题理由的陈述较为简明、充分，合理的运用统计工具对选题的必要性和问题的严重程度进行了阐述，内容体现了数据化、图表化。

改进建议：课题选择评价表采用了打分法，应说明打分评价标准的理由或依据；在分析差距时，数据的单位应统一，以利于比较。

2.3.4　本节统计工具运用

选择课题可以运用的统计工具有：分层法、调查表、排列图、直方图、控制图、亲和图、其他方法（简易图表、水平对比法、头脑风暴法），其中分层法、调查表、排列图、简易图表、头脑风暴法特别有效。

2.4　现状调查

2.4.1　编写内容

现状调查有两项基本任务：一是深入现场调查现状以揭示问题；二是通过分析找出问题症结所在。因此，现状调查的编写内容包括现状调查的计划、调查方法、调查数据、数据分析和调查结果。

1. 现状调查的计划

QC 小组在进行现状调查时，首先需制定科学合理的现状调查计划，以保证现状调查所找出的问题客观和准确。如果问题都找不对，接下来的活动就偏离方向，也就不会成功完成所选课题。因此现状调查的计划是本节内容的编写重点之一。

现状调查的计划可以从以下几个方面叙述。

（1）活动时间

现状调查由于要深入现场,需要查阅大量的工程技术档案和统计报表等资料,甚至需要在现场抽取样本、实测数据、归纳分析,所以在制定现状调查计划时,需要安排足够的时间来保证这些调查工作的完成。

(2)计划调查工程及活动地点

选择多个具有代表性的工程作为计划调查工程,能使调查结果更具备客观性和准确性。而活动地点关系到交通、食宿和项目部人员日常工作安排等因素,距离须尽可能近。由于活动地点通常是在计划调查工程的现场,因此在选择调查工程时,要考虑活动地点的因素;在选择较近的活动地点时,也要考虑调查工程应具备代表性。二者应有机结合,尽量协调一致。

(3)调查项目

调查项目是指调查过程中的检查项目,应根据自选课题来进行科学、合理的设置。调查项目的名称、检验方法、检验标准和检验数量可以参考各专业工程的施工质量验收规范、技术规程等来确定。例如课题"提高钢结构防火涂料涂装施工质量"可以根据《钢结构工程施工质量验收规范》GB 50205 来制定检查项目为:防火涂料产品质量、涂装基层质量、涂层强度、涂层厚度、表面裂纹和其他项目。

2. 现状调查的方法

(1)查阅工程资料

对于完工工程或隐蔽工程,可以从检测报告、隐蔽工程验收记录、检验批验收记录和施工日志等工程技术资料中获取所需的数据。这种方法十分常用,能够短时间内获取大量有用的数据,并且节约人力、物力和活动经费。不足之处在于数据的真实性和准确性无法有效确认和控制。

(2)现场检查

对于现场能够直接检查的调查项目,例如装饰面层、未粉刷的混凝土或砌体结构、调查时现场正在施工的隐蔽工程等,可以根据验收标准进行现场检查、实测数据。这种方法优点是获得的数据真实、准确,可以根据需要增加检验部位或检验数量。但是现场检查所需的人力、物力和活动经费的投入也是两种方法中最多的,并且比较耗时。同时还需联系和协调好各种外部关系,以便顺利地对计划调查工程进行调查。

3. 调查数据及分析

现状调查中所获得的原始数据需要进行汇总和整理,将有效数据提取出来,编制与课题相关问题的调查表。并根据调查表中的数据类型和数量,采用排列图、直方图、控制图、散布图、亲和图、水平对比、流程图、简易图表或图片等统计工具进行分析。

4. 调查结果

调查结果是现状调查的重要内容,将被直接输入到下一个活动环节,作为设定目标的重要依据和为原因分析提供结果的内容。因此调查结果的客观性和准确性非常重要。所以在对现状调查的数据进行分析的工作完成后,应及时召开 QC 小组全体会议,通过全体小组成员的认真商讨后再确定本次现状调查的调查结果。调查结果的表述应完整、准确和客观,不应含有模棱两可的内容。

2.4.2 注意事项

1. 选取正确的调查项目

现状调查的目的是了解课题的现状，也就是摸清课题所涉及的质量问题，并找出其中的主要问题，以便为设定目标提供依据。因此，调查项目的选取原则是应能够较为全面、客观地反映现象，并且合理分类，项目个数一般取在 3～8 之间。有的 QC 小组按照找原因的思路来选取调查项目，并按照不同的原因进行分组，是不正确的。

2. 合理进行数据的分层分析

对于一些比较大的课题，调查项目分类会比较综合，这时就需要进行分层分析。如果分层后的调查项目仍带有综合性，则需要再次进行分层分析。如此一层一层深入分析，直至找出具体问题为止。一般情况下，现状调查都应该考虑二次分层法。

3. 合理运用统计工具

现状调查阶段常用的统计工具有调查表、排列图、简易图表、控制图、直方图、系统图和过程能力。

在统计数据大于等于 50 个，调查项目有 4 个及以上时，宜采用排列图。如果少于 50 个数据，调查项目少于 4 个，建议用饼分图、折线图、柱状图等简易图表，不宜使用排列图。

排列图不应绘制 A、B、C 三个区间，同时不应机械套用二八原理，可以按照图形合理分析。例如，累计频率有一个项目是 52%，其他的项目为 18%、16% 和 12% 和 2%，则问题的症结可以确定为 52% 的项目。如果按照二八原理，按累计超过 80% 来确定主要问题，把 18% 也列入，但 16%、12% 与 18% 相差不多，这就不合理了。

在作控制图之前，先根据提供的数据制作直方图，按照过程能力进行分析，只有过程判定稳定的情况下，即过程能力指数 C_p 值（C_{pk}）大于 1.0 以上，过程能力指数分析尚可或充分的情况下，才可以应用控制图。控制图按照国家标准《常规控制图》GB/T 4091 要求进行。制作直方图，数据宜大于 50 个，最好取 100 个。

4. 现状调查要用数据说话

在调查中必须认真进行数据的收集，这些数据的获得必须是现场第一手资料，然后进一步将数据和信息进行分类整理和分析，按不同的角度来分类、整理，找出质量的主要问题。切记调查的是现象而不是原因，不能按不同的原因分组。

5. 为确定目标提供依据的分析

这是现状调查比较关键的一个步骤，经过现状调查找出的主要问题必须进行分析，为提出目标提供依据。

2.4.3　案例与点评

《提高现浇钢筋混凝土坡屋面施工质量一次合格率》的现状调查

（1）现状调查

×年×月×日下午，QC 小组召开了由设计人员、公司总工、工程技术人员、甲方代表及监理参加的关于"提高现浇钢筋混凝土坡屋面施工质量一次合格率"的专题会议，大家集思广益，认为本工程屋面施工的难度集中在坡屋面的施工周期占整个工程的施工周期比重大，涉及高程控制和抄平放线、模板支撑系统和模板的拼装、钢筋加工和钢筋绑扎以及混凝土的浇筑等工序，编制了现状调查计划表，见表 2-5。

2.4 现 状 调 查

现状调查计划表　　　　　　　　　　　　　　　　　　表 2-5

序号	调查项目	调查方法	调查内容	调查工程	地点	活动时间	调查人
1	施工放线及测量	现场检查	现场标高、轴线位置等	××工程	某地	×年×月×日～×年×月×日	××××××
		查阅相关资料	测量方案、测量放线记录、施工记录、验收记录等	××工程	某地	×年×月×日～×年×月×日	××××××
		咨询操作人员	测量过程中遇到的问题	××工程	某地	×年×月×日～×年×月×日	××××××
2	模板支撑及拼装	现场检查	支撑体系质量及安全情况	××工程	某地	×年×月×日～×年×月×日	××××××
		查阅相关资料	模板支撑施工方案、验收记录等	××工程	某地	×年×月×日～×年×月×日	××××××
3	钢筋加工及绑扎	现场检查	钢筋加工及绑扎质量	××工程	某地	×年×月×日～×年×月×日	××××××
4	混凝土浇筑及观感质量	现场检查	现浇结构质量	××工程	某地	×年×月×日～×年×月×日	××××××
		查阅工程资料	相关验收记录	××工程	某地	×年×月×日～×年×月×日	××××××
5	其他	咨询操作人员	施工中遇到的其他问题	××工程	某地	×年×月×日～×年×月×日	××××××
		现场检查	现场发现的其他问题	××工程	某地	×年×月×日～×年×月×日	××××××

制表人：×××　　　　　　　　　　　　　　　　　　制表时间：×年×月×日

×年×月×日，根据公司一季度检查数据对屋面施工的工序分层数据作出不合格频数表，见表 2-6，并绘制了排列图，见图 2-3。

屋面施工工序分层施工质量不合格频数表　　　　　　　表 2-6

序号	调查项目	频数（个）	累计频数（个）	频率（%）	累计频率（%）
1	混凝土浇筑及观感质量	165	165	75	75
2	钢筋加工及绑扎	21	186	9.55	84.55
3	模板支撑及拼装	20	206	9.09	93.64
4	施工放线及测量	10	216	4.55	98.19
5	其他（材料、工艺）	4	220	1.81	100.00
	合　计	220		100	

制表人：×××　　　　　　审核人：××　　　　　　制表时间：×年×月×日

13

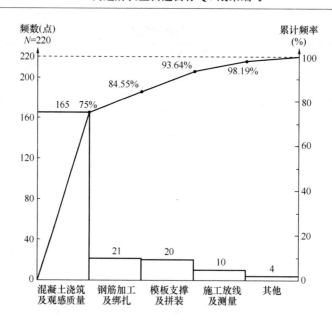

图 2-3 屋面施工工序分层质量不合格问题排列图

制图人：×××   审核人：××   制图时间：×年×月×日

从排列图可以看出，"混凝土浇筑及观感质量"是造成屋面施工质量合格率低的主要问题。

（2）为了保证现浇坡屋面混凝土工程的顺利施工，按照《混凝土结构工程施工及验收规范》GB 50204 和企业标准（HRJT/QB－×）要求，项目部 QC 小组成员于×年×月×日～×月×日对已施工完成的 55 号楼坡屋面混凝土浇筑及观感施工质量进行了调查，现场抽查 300 点，其中不合格点数为 51 点，合格率 83%，未达到公司抽查统计的平均水平。对屋面混凝土的浇筑和观感质量数据进行统计，见表 2-7。

质量问题调查统计表   表 2-7

序号	检查项目	检查项验收标准	检查点（个）	不合格（点）	合格（点）	合格率（%）
1	板底混凝土蜂窝		50	21	29	55.76
2	梁、板、柱节点处棱角不直		50	18	32	64
3	坡屋面上表面平整度差	GB 50204	50	5	45	90
4	夹渣		50	3	47	94
5	露筋		50	2	48	96
6	混凝土表面裂缝		50	2	48	96
7	合计		300	51	249	83

制表人：×××   制表日期：×年×月×日

根据调查统计表我们对坡屋面质量问题进行了归纳整理分析，见表 2-8。

质量问题调查频数统计表　　　　　　　　　　　表 2-8

序号	检查项目	频数 （点）	累积频数 （点）	频率 （%）	累积频率 （%）
1	板底混凝土蜂窝	21	21	41.18	41.18
2	梁、板、柱节点处棱角不直	18	39	35.29	76.47
3	坡屋面上表面平整度差	5	44	9.81	86.28
4	夹渣	3	47	5.88	92.16
5	露筋	2	49	3.92	96.08
6	混凝土表面裂缝	2	51	3.92	100
7	合计	51		100	

制表人：×××　　　　　　　　　　　　　　　　　制表日期：×年×月×日

注：共检查 300 点，不合格 51 点，合格率为 83%。

根据以上调查分析数据绘出排列图，见图 2-4。

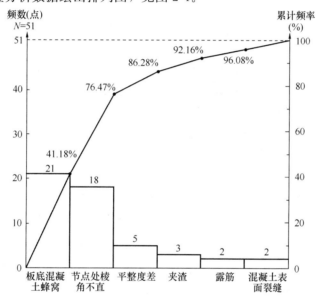

图 2-4　现浇钢筋混凝土坡屋面施工质量问题排列图

制图人：×××　　　　　　　　　　　　　　　制图时间：×年×月×日

结论：从排列图中可看出，影响现浇钢筋混凝土坡屋面施工质量的主要问题是"板底混凝土蜂窝"和"梁、板、柱节点处棱角不直"，以上两大问题的累计频率达 76.47%。如果以上问题能完全解决，可以将坡屋面施工质量的合格率提高到（300－51＋39）/300×100%＝96%＞90%，那么现浇钢筋混凝土坡屋面的施工质量就能控制好。

案 例 与 点 评

本案例成果中反映的活动内容完整，包括现状调查计划、现状调查实施方法、现状调查数据的统计及分析、现状调查结果的说明；现状调查中遵循了 PDCA 活动程序，特别是实现了数据的二次分层分析，值得提倡；统计工具运用恰当，调查表、排列图绘制规范；调查项目的分类和选择比较合理，找出的主要质量问题和依据分析具体，能够作为设定目标的依据。

2.4.4 本节统计工具运用

本节可运用的统计工具有调查表、排列图、直方图、控制图、散布图、亲和图、水平对比、流程图、简易图表和图片等，其中常用的统计工具有调查表、排列图、直方图、控制图和简易图表。下面介绍饼分图统计工具。

大跨度钢结构高空吊装施工安装质量问题频率调查表和饼分图，见表 2-9 和图 2-5。

大跨度钢结构高空吊装施工安装质量问题频率调查表 表 2-9

序号	项 目	检查点数	不合格点数	合格率（%）	频率（%）	累计频率（%）
1	钢桁架挠度过大	20	6	70	35.3	35.3
2	钢桁架扭曲变形	20	5	75	29.4	64.7
3	钢桁架放入支座时调整不到位	20	3	85	17.6	82.3
4	轴线标高偏差	20	2	90	11.8	94.1
5	桁架焊接不到位	20	1	95	5.9	100
6	合计	100	17	83	100	

制表人：×××　　　　　　　　　　　　制表日期：×年×月×日

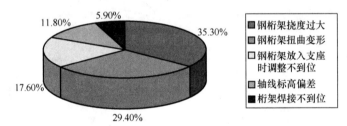

图 2-5　大跨度钢结构高空吊装施工安装质量问题饼分图

制图人：×××　　　　　　　　　　　　制图时间：×年×月×日

从饼分图中我们可以看出大跨度钢结构高空吊装施工安装质量问题中的"钢桁架挠度过大"和"钢桁架扭曲变形"这两项质量问题占累计频率 64.7%，是关键的少数项，是影响施工质量的主要问题。

2.5 设定目标

2.5.1 编写内容

设定目标指的是明确完成课题的考核标准，也指确定通过 QC 小组活动，要将问题解决到什么程度。设定目标为 QC 小组活动指明了方向，也为检验活动成果是否有效提供依据。因此设定目标的编写内容应包括：目标值设定的依据、目标值的科学设置、目标值与现状值之间的对比。

1. 目标值设定的依据

目标值设定的依据已在现状调查中进行了分析，可以直接引用。但对于利用现状调查的数据测算分析的参考值，由于缺乏实践检验，且受现状调查数据代表性和准确性的影响，因此应从不同的角度进行分析。对于明显过高的参考值，应适当降低后作为目标值；对于明显过低的参考值，则应重新回到现状调查的环节，研究是否没有真正找出问题的症结所在，或者主要问题没有全部找出。

2. 目标值的科学设置

目标值的设置如果是行业内的先进水平或国家评价标准，则应根据 QC 小组的自身实力合理分析，在 QC 小组实力特别强时，可以考虑将目标值设置为略高于先进水平或国家评价标准，否则宜将目标值设置为等于或者略低于先进水平。

3. 目标值与现状值之间的对比

目标值确定后，应该利用统计工具将目标值与现状值进行对比，从而给小组成员以直观的印象，激发小组成员的斗志和活动激情。通常可以用简易图表中的柱状图来完成这项工作。

2.5.2 注意事项

1. 设定目标应尽可能量化

目标量化，也就是将目标以确定的数据形式表示出来。例如，某 QC 小组活动目标设定为："提高深基坑钢管混凝土柱施工定位精度合格率至 96%"，并且附注了深基坑钢管混凝土柱定位精度的合格标准为"定位偏差<5mm，垂直度偏差≤H/1000mm"，目标量化就很明确，符合以数据说话的原则。再如，某 QC 小组活动目标设定为"精确吊装 37.2m 大跨度钢结构屋面"，初看似乎也有数据，但是认真分析后就会发现，目标的关键内容"精确吊装"语焉不详，没有说明什么样算是"精确"吊装，不符合用数据说话的原则，目标没有量化。

2. 设定的目标不宜过多

目标设定以一个为宜，目标设定过多，活动的重点就不明确。

3. 定性目标应转化为定量目标

如果设定的是定性目标，也应将其转化为定量目标，如安全文明施工的水平提升可以采用安全标准化、定型化的数量表示。

2.5.3 案例与点评

《提高现浇钢筋混凝土坡屋面施工质量一次合格率》的设定目标

根据上一节"现状调查"中的"调查结果分析"可知，在解决主要质量问题后，现浇钢筋混凝土坡屋面施工质量合格率能达到 92%。因此小组设定的目标为：现浇钢筋混凝土坡屋面施工质量合格率达到 92%。

活动的目标值与活动前的现状值之间的对比见图 2-6。

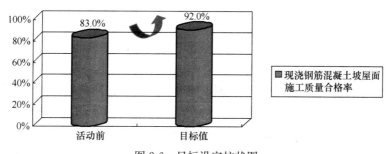

图 2-6 目标设定柱状图

制图人：×××   制图时间：×年×月×日

案 例 点 评

本案例编写内容基本完整，目标值量化一目了然；目标值与现状值之间的对比采用了柱状图。图表绘制规范，对比效果直观。

2.5.4 本节统计工具运用

本节可运用的统计工具有分层法、直方图、控制图、头脑风暴法、水平对比法、流程图和简易图表，其中常用的统计工具有水平对比法和简易图表（柱状图）。

2.6 原因分析

2.6.1 编写内容

原因分析是针对现状调查阶段找到的主要问题进行的，其主要任务是找出导致主要问题产生的各种原因。因此原因分析的编写内容是从"5M1E"六大因素（人、机、料、法、环、测）去分析找原因。

按照先易后难的实施原则，原因分析可以分成四个阶段来进行：第一个阶段是原因海选，第二个阶段是梳理归并，第三个阶段是分析制图，第四个阶段是讨论修改。

1. 原因海选

在原因海选阶段，应发动 QC 小组的全体成员共同思考，从"5M1E"六大因素（人、机、料、法、环、测）去分析找原因，也可以放开思维，从其他角度去寻找原因。只要有可能是问题的影响因素，都可以列出来。必要时，可以采用头脑风暴法来推进活动的进行。海选过程中，小组成员找出的原因（影响因素）应及时汇总，更新的原因清单也应及时发送至每个小组成员手中，以利于提高工作效率和质量，从而避免遗漏相关的原因。

2. 梳理归并

海选工作进行到一定程度后，原因清单更新的频率将越来越慢，更新的内容也将越来越少。这时就可以进入梳理归并阶段了。这一阶段的主要工作是将汇总后的所有因素按"5M1E"进行分类，归并同类项，去除重复的原因，编制一份经过分类的原因清单。

3. 分析制图

根据梳理归并后的原因清单，就可以绘制正式的因果图、系统图或关联图。在绘图过程中，重点在于分析各个原因之间的逻辑关系，将原因之间的层次划分清楚。绘制完成后还应对展开层次和末端因素进行检查。如果普遍不超过两层，则应考虑进一步进行深入分析。因果图的展开层次一般不超过 4 层，否则应采用系统图来进行绘制。末端因素的个数在 8～16 个为宜，太少说明原因分析可能还不够全面，有遗漏的影响因素；太多说明原因划分得太细，不利于下一步确认主要原因。

4. 讨论修改

制图完成后，应组织全体成员进行讨论，共同检查因果图、系统图或是关联图。如果发现问题，应及时进行修改，直至全体成员确认无误。经过确认的因果图、系统图或关联图，应规范地绘制在 QC 小组活动成果的原因分析中。

2.6.2 注意事项

1. 运用工具要恰当

原因分析的常用工具很多，选用的原则是简单、实用、有效，不要盲目追求高、深、新，只要能正确表达和解决问题便可。尤其是一些不熟悉的工具，很容易造成应用上的错误，反而影响到活动成效。对于比较复杂的问题，使用某种不常用的工具能有明显的实效时，则应大胆地应用。

主要问题有两个时，如果原因关联不多，可优先采用两张因果图。因为采用因果图分析，5M1E归类明确，展开的层次清楚。但如果两个问题关联原因较多的话，为了简洁，宜采用关联图。

2. 图表绘制要规范

统计工具中的图表均有其格式和要求，方便学习、使用、交流和推广。例如关联图中的问题，应该填置在矩形框内，与填在椭圆形框内的因素相区分。关联图、因果图中有关系的因素之间应采用箭条线连接，而系统图的连线却应采用不带箭头的直线来连接。

有的小组习惯于在因果图或关联图等图中，用星号或其他方式将主要原因标识出来，这是不符合流程的，因为主要原因是在下一环节（要因确认）中通过科学合理的方法确认出来的，所以在原因分析的环节中不应进行标注。

此外，图名、绘图人、绘图日期等也应标注齐全，以利于检查和追溯。

3. 分析原因要全面

原因分析得全面，就能为下一环节"确认主要原因"做好充足准备，也就不容易漏掉影响问题的主要原因。如果原因分析不够全面，则有可能遗漏真正的主要原因，下一个环节中也就不可能将要因全部确认出来，问题也就不可能得到很好的解决。

4. 分析原因要彻底

分析原因需要一层一层地深入，直到找出根本原因。所谓根本原因，指的是可以直接用来制定对策和措施的原因。如果原因分析不彻底，没有找出根本原因，那么将难以制定具体的对策和措施。例如"工人操作经常失误"这一问题，分析第一层直接原因是"质量意识淡薄"，再进一层分析原因是"培训教育少"，对操作工人的教育帮助不够，还可以往更深层分析即"企业未设置负责教育培训的机构"或是"缺少负责教育培训的专职人员"。这样就能直接用来指导对策的制定，可以采取"设置专职或兼职的教育培训机构"或"配备负责教育的专职或兼职人员"。可见，分析原因越深入、越彻底，据此制定出的对策针对性就越强，可以采取的措施也就越具体，从而越能解决问题。

5. 分析原因要注意逻辑性

有的QC小组，在收集到各种原因后，仅仅按"5M1E"的规则进行简单的分类，忽视原因之间的先后逻辑关系，在图表中常常出现原因的先后顺序颠倒的情况。如上例中，如果第一层原因"质量意识淡薄"与第二层原因"培训教育少"颠倒过来，那么就存在逻辑上的问题，原因分析也就难以做到彻底。

6. 分析原因不能偏离技术实际

QC小组活动成果，要注意两个方面的内容，一个是程序应用，另一个是专业技术。在分析原因时，不要为了增加末端因素或者增加分析层次，拼凑一些与问题无关的原因，甚至还确认为要因。从专业技术上看，就能发现明显的错误。因为QC小组活动成果是可供其他技术人员借鉴的成果，不应该在专业技术上有所欠缺。

2.6.3 案例与点评

《确保清水混凝土施工质量》的原因分析

本 QC 小组于×年×月×日在项目部会议室召开了原因分析会,对存在的问题进行了讨论,大家集思广益,将两个影响清水混凝土质量的主要问题进行原因分析,并对找到的原因进行归纳整理。因为部分原因与两个问题之间都存在联系,所以我们绘制出关联图,见图 2-7。

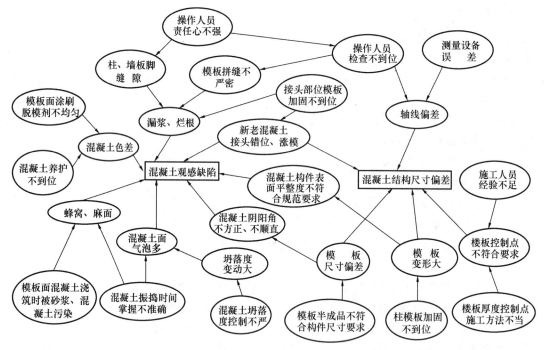

图 2-7 清水混凝土观感缺陷、结构尺寸偏差关联图

绘图人:××   制图日期:×年×月×日

案 例 点 评

本案例的内容基本完整,包括了活动过程介绍、对选择分析方法的简要说明、关联图等内容;关联图运用比较恰当。从图中看,与两个问题都有关联的末端因素达到了 4 项,使用关联图是比较恰当的;关联图的绘制规范,即图中主要问题采用方框表示,各层原因采用椭圆形框表示,符合关联图的绘图标准,而且连线有交叉的部位,均绘制有半圆形的过桥线;连线的箭头方向正确无误;原因分析比较彻底,所有原因都分析到了两层以上,个别达到了三层;关联图整体布局合理,简洁美观。

改进建议:增加原因统计分类表。这有利于直观地看出各个原因的"5M1E"分类,便于检验原因分析是否全面,以及关联图中问题是否有遗漏;个别原因还可以进行更深入的分析。如"测量设备误差"就可以找更具体的原因,如"测量设备未按时检验"、"测量设备使用不当"等;"操作人员责任心不强"未分析到末端,可能与教育、督促检查以及奖惩措施等方面有关,应再深层分析。

2.6.4 本节统计工具运用

本节可以运用的统计工具有因果图、系统图、关联图、头脑风暴法、流程图和简易图表，其中常用的统计工具有因果图、系统图、关联图和简易图表。

（1）常用的工具运用方法见表 2-10。

原因分析的常用方法　　　　　　　　　　表 2-10

方法名称	适用场合	原因之间的关系	展开层次
因果图	针对单一问题进行原因分析	原因之间没有交叉关系	一般不超过 4 层
系统图	针对单一问题进行原因分析	原因之间没有交叉关系	没有限制
关联图	针对单一问题进行原因分析	原因之间有交叉关系	没有限制
	对两个及以上问题一起进行原因分析	部分原因把两个及以上的问题交叉缠绕影响	没有限制
头脑风暴法	问题较为复杂、原因较难分析时可以采用，一般与其他方法同时使用	没有限制	没有限制
简易图表	可以利用柱状图或者饼分图来观察各种原因的分布情况以及相互之间比例，从而帮助小组成员从更全面的角度去寻找原因。简易图表一般作为其他方法的辅助工具	没有限制	没有限制
流程图	对于施工过程比较复杂的问题，可以绘制流程图，以便对每个步骤进行原因分析。流程图一般也是作为其他方法的辅助工具	没有限制	没有限制

（2）常用的系统图、因果图统计工具案例见 3.5.4 节介绍。

2.7 确定主要原因

2.7.1 编写内容

确定主要原因，又称要因确认，是指对原因分析中得出的所有末端因素逐一鉴别，找出主要原因。确认主要原因是 QC 小组活动中一项需要全员参与和投入较多精力的环节。

确定主要原因部分的编写内容通常可包括：要因确认计划、要因确认记录和要因汇总分析等。虽然使用要因确认计划表不是必须的，但考虑到要因确认计划表清晰明了，所以建议采用。

1. 要因确认计划

要因确认是一项比较复杂、有一定难度的工作，需要在实施前制定科学、合理的计划。编制要因确认计划可以按如下步骤进行。

（1）收集和梳理末端因素

末端因素必须一个不落地收集齐全，并且按 5M1E 原则进行分类。然后按一定顺序转化为表格形式。如果有两个及以上的问题时，表格中还应将问题与末端因素之间的对应关系表示出来。

（2）剔除属于不可抗力的末端因素

对于QC小组肯定无法解决的因素，比如阳光、雨天、台风、高温、冰冻、洪水、地震等自然现象，以及城市临时停电、临时停水等突发事件，应该视为不可抗力类末端因素。这类因素均无需进行要因确认，所以在要因确认计划中予以剔除。

（3）确认方法研究

末端因素的类型和内容不同，可以采用的确认方法往往也不同。因此对于每一个末端因素，都需要认真研究最科学合理的确认方法。由于QC小组的规模一般都不大，因此在选择确认方法时应遵循简单、适用的原则。

（4）人员分工和资源调配

在各个末端因素的确认方法制定了之后，小组应再次召开全体会议，根据小组成员的岗位和技术专长，对要因确认工作进行分工，将任务分解落实到每个人。一般情况下，对某个末端因素进行要因确认，必须由不少于2个小组成员来进行，以保证确认过程更客观。所以在要因确认的过程中，既要分工，也要合作。

（5）编制要因确认计划表

计划表中除末端因素、确认方法、责任人等内容之外，还有一项重要的内容，即活动时间。要因确认计划表的常用格式见表2-11。

要因确认计划表　　　　　　　　　　　　　　表2-11

编号	末端因素	确认内容	确认方法	标准	责任人	活动时间
1						
2						
3						
……						

制表人：×××　　　　　　　　　　　　　　　　　制表日期：×年×月×日

2. 要因确认记录

要因确认的过程有繁有简，在编写QC小组活动成果时，无需全过程复述，可以将重点内容编写成要因确认记录。一个末端因素就应该编写一条要因确认记录。记录的顺序也应按照要因确认计划表中的顺序安排，以便编写和查阅。

要因确认记录中主要内容应包括以下几条：

（1）记录编号与对应的末端因素；

（2）确认标准；

（3）实测情况（或检查情况、调查情况）；

（4）确认方法：现场验证、现场测试测量和调查分析等；

（5）对比与结论；

（6）责任人及活动时间。

在叙述确认标准和实测情况时，宜根据数据特点设计一些表格，例如检查表和统计工具分析，这样能够将情况叙述得更清晰。

3. 要因汇总分析

在记录好一条条要因确认记录后，需要将确认出来的要因进行汇总，并且从5M1E分类的角度分析要因的分布是否符合常理。例如，某课题为"提高钛合金流线型装饰板安装一次合格率"，找出的主要问题有两条，分别为"钛合金焊缝质量问题"与"钛合金板安装完成面不平顺"；确认的要因有四条，分别为"氩气纯度不够"、"焊接母材不符合要求"、"钛板安装固定方法不对"、"实际操作经验不足"。按5M1E分类，属于"料"的要因有两条："氩气纯度不够"和"焊接母材不符合要求"；属于"法"的要因有一条："钛板安装固定方法不对"；属于"人"的要因有一条："实际操作经验不足"。分析钛合金流线型装饰板安装的施工流程和工艺，可知这四条要因基本涵盖到了钛合金流线型装饰板安装的主要影响方面——"料"、"法"、"人"。这说明确认出来的要因是比较全面的。此外，还可以从专业技术和施工经验等方面对要因进行分析。

2.7.2 注意事项

1. 可增加要因确认计划

如前所述，要因确认是一项比较复杂、有一定难度的工作。不制定计划而草率开展行动，容易导致确认效果不佳，多找或少找了要因；或者全体成员工作效率低下，费时费力。多找了要因，会导致对策增多，从而增加更多效果不佳的措施，增加活动的成本，降低活动的成效。少找了要因，后果更严重，往往会导致整个QC小组活动失败。因此，增加要因确认计划效果会更佳，而且需要仔细、认真、科学、合理地制定。

2. 要因确认应逐条确认

各个末端因素，有着不同的要因确认方法、确认标准和确认内容，是不能混在一起进行确认的。因此，要因确认应逐条确认。在编写QC小组活动成果时，也应该逐条记录。有的QC小组活动成果中仅用一张名为"要因确认表"的表格，将所有的末端因素的要因确认内容记录在其中，这是不合适的。因为要因确认记录中的内容比较多，有的记录中还需要提供现场检查的表格或者现场照片等内容，这都不是一张简单的表格中能够容纳和反映的。

3. 要因确认不能靠主观判断

要因的确认，应该是依据客观的标准，采用科学的方法，通过实践检验而得出的，有数据、报告或照片等作为依据。因此不能够采用讨论通过、举手表决、"01"打分法等主观方法来确定。

2.7.3 案例与点评

《提高××桥梁预应力孔道成孔质量一次合格率》的要因确认

通过原因分析，共找出9条末端因素，小组制定要因确认任务表（表2-12），并按任务表对末端因素进行逐一确认。

要因确认计划表

表2-12

序号	末端原因	确认内容	确认方法	负责人	计划完成时间
1	操作培训不到位	作业人员技能考核是否成绩合格，是否合格人数占考核人数80%以上	调查分析 操作验证	×× ××	×年×月×日
2	波纹管接头毛刺较多	管口毛刺是否打磨	现场查验	××	×年×月×日
3	未安装纵向芯管	纵向波纹管是否100%安装芯管	现场查验	×××	×年×月×日
4	孔道口封闭不严	孔道接口是否全部采取了有效的封闭或防护措施，封闭防护有效率是否为100%	现场查验	××	×年×月×日

序号	末端原因	确认内容	确认方法	负责人	计划完成时间
5	施工工艺不当	是否有作业指导书,工艺是否详细,工序是否合理	调查分析	×××	×年×月×日
6	波纹管质量不合格	有无第三方检测证明及合格证,相关技术指标是否达到	试验检测	×××	×年×月×日
7	混凝土冲击波纹管	现场浇筑是否采用串筒或溜槽浇筑高差大于 2m 的混凝土	现场验证	×××	×年×月×日
8	责任制度不健全	是否有完善的质量管理责任制度并对现场进行责任区划分	调查分析	×××	×年×月×日
9	波纹管加固间距超标	加固间距是否超出验标及图纸要求	现场查验	×××	×年×月×日

制表人:×××   制表时间:×年×月×日

(1) 确认一:操作培训不到位

确认标准:作业人员技能考核是否成绩合格,是否合格人数占考核人数 80% 以上。

责任人:××、××;活动时间:×年×月×日~×年×月×日。

对 36 人进行了问卷考试,考试成绩 80 分以上合格人数为 12 人,验证平均成绩为 75.97 分,合格率为 33.33%,验证结果不合格(图 2-8)。现场对 36 人进行了操作技能验证,良好水平以上共计 20 人,合格率 56%,验证结果不合格(表 2-13)。此末端因素为要因。

××施工作业人员施工技能考核成绩统计表   表 2-13

姓名	成绩	姓名	成绩	姓名	成绩
×××	75	×××	83	×××	55
×××	85	×××	74	×××	61
×××	82	×××	80	×××	90.5
×××	68	×××	70	×××	70
×××	65	×××	65	×××	72.5
×××	84	×××	83.5	×××	83
×××	71	×××	90	×××	82
×××	83	×××	85.5	×××	63
×××	56	×××	91	×××	77
×××	69	×××	92	×××	94
×××	86	×××	93	×××	83
×××	76	×××	84	×××	88
合格人数	20 人		合格率	55.56%	

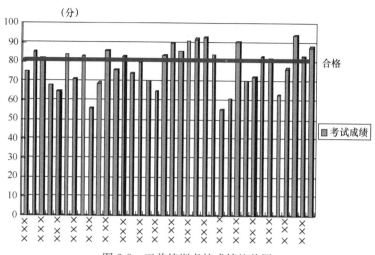

图 2-8 工前培训考核成绩柱状图

制图人：×××　　　　　　　　　　　　　　　　制图时间：×年×月×日

（2）确认二：波纹管接头毛刺较多

确认标准：管口毛刺是否打磨。

责任人：××、××；活动时间：×年×月×日～×年×月×日。

孔道接口打磨情况检查统计表　　　　　　　　　　表 2-14

梁　段	19-4 号 20-4 号	19-5 号 20-5 号	19-6 号 20-6 号
接口数	376	340	308
接口打磨无毛刺孔口数量	376	340	308

（a）　　　　　　　　　　　　　　　　　　（b）

图 2-9 孔道接口打磨情况

经过对现场 1024 个孔道接口进行检查，孔口均进行了人工打磨，孔口光滑无毛刺，检查情况见表 2-14 和图 2-9；此末端因素为非要因。

（3）确认三：未安装纵向芯管

确认标准：纵向波纹管是否 100% 安装芯管。

责任人：××、××；活动时间：×年×月×日～×年×月×日。

××纵向预应力孔道芯管安装检查记录表　　　　　　表 2-15

序号	墩号	梁段	孔道数量	芯管安装数量	安装比例	伸入上节段平均长度
1	19 号	0 号	131	131	100%	49

续表

序号	墩号	梁段	孔道数量	芯管安装数量	安装比例	伸入上节段平均长度
2	20 号	0 号	131	131	100%	50
3	19 号	1 号	240	240	100%	50
4	20 号	1 号	240	240	100%	46
5	19 号	2 号	226	226	100%	49
6	20 号	2 号	226	226	100%	45
7	19 号	3 号	204	204	100%	50
8	20 号	3 号	204	204	100%	50
合计	安装比例 100%					

制表人：×××　　　　　　　　　　　　　　　　　　制表时间：×年×月×日

经现场查验，纵向波纹管在安装后直至混凝土浇筑完成，纵向波纹管内均按要求安装了支撑芯管，安装率 100%；并伸入支撑到了上个节段内均大于 30cm 长度；检查情况见表 2-15。此末端因素为非要因。

（4）确认四：孔道口未封闭

确认标准：孔道接口是否全部采取了有效的封闭或防护措施，封闭防护有效率是否为 100%。

责任人：××、××；活动时间：×年×月×日～×年×月×日。

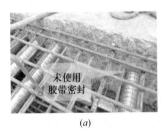
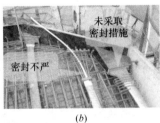

　　　　　　(a)　　　　　　　　　　　(b)　　　　　　　　　　　(c)

图 2-10　孔道接口封闭检查情况

纵向孔道接口封闭检查统计表　　　　　　　　　　　　　　表 2-16

梁　段	19-4 号、20-4 号	19-5 号、20-5 号	19-6 号、20-6 号
接口数	376	340	308
封闭防护有效数量	358	331	301
封闭防护有效率（%）	95.2	97.35	97.7

横向孔道接口封闭检查统计表　　　　　　　　　　　　　　表 2-17

梁　段	19-4 号、20-4 号	19-5 号、20-5 号	19-6 号、20-6 号
接口数	64	64	64
封闭防护有效数量	59	61	62
封闭防护有效率（%）	92.2	95.3	96.87

竖向孔道接口封闭检查统计表   表 2-18

梁 段	19-4 号、20-4 号	19-5 号、20-5 号	19-6 号、20-6 号
接口数	128	128	128
封闭防护有效数量	100	118	112
封闭防护有效率（%）	78.13	92.2	87.5

制表人：×××   制表时间：×年×月×日

经现场查验，三向预应力孔道均存在不同程度的孔道口封闭质量问题。纵向预应力孔道接口，虽采取了套管对接拧紧防护措施，但均未采取胶带封闭措施，部分存在连接漏缝，漏浆概率较大，最高封闭防护有效率为 97.7%。横向预应力孔道张拉端和锚盒间接口未进行密封；横向预应力孔道锚固端虽用胶带进行了封闭，但密封性差，封闭防护有效率最高为 96.87%。大多数竖向预应力孔道上端锚盒接口，在梁段混凝土浇筑完成后进行了临时防护，但仍有部分未进行防护，造成锚盒积灰堵塞孔道口现象。封闭防护有效率最高为 92.2%。三向预应力孔道口封闭防护有效率均未达到 100%，是要因，具体检查情况见表 2-16～表 2-18 及图 2-10。

（5）确认五：施工工艺不当

确认标准：是否有作业指导书，工艺是否详细，工序是否合理。

责任人：××、××；活动时间：×年×月×日～×年×月×日。

经调查分析和查阅资料，发现××公司和项目分部分别下发了作业指导书，施工工艺详细，工序合理，工艺流程见图 2-11。此末端因素为非要因。

（6）确认六：波纹管质量不合格

确认标准：有无第三方检测证明及合格证，相关技术指标是否达到。

责任人：××、××；活动时间：×年×月×日～×年×月×日。

经查验进场资料，开工以来进场波纹管共计一批，检查原材有合格证，样品送检第三方检验报告显示波纹管无开裂、无脱扣，不渗漏，径向刚度平均值为 0.11，小于规定值 0.15，各项技术指标全部合格，产品质量合格证及第三方检验报告的图片略。此末端因素为非要因。

（7）确认七：混凝土冲击波纹管

确认标准：现场浇筑是否采用串筒或溜槽浇筑高差大于 2m 的混凝土。

责任人：××、××；活动时间：×年×月×日～×年×月×日。

经现场验证，当浇筑相对高差大于 2m 的混凝土时，各工班组均配备、使用了料斗及串桶（图 2-12），混凝土浇筑不存在混凝土直接冲击波纹管，造成管道破损漏浆及管道变形的情况。此末端因素为非要因。

（8）确认八：责任划分不明确

确认标准：是否有完善的质量管理责任制度并对现场进行责任区划分。

责任人：××、××；活动时间：×年×月×日～×年×月×日。

经现场调查分析，发现现场作业区划分不明确，工人交叉操作，存在不同程度的不文明行为（图 2-13），造成了现场多处管道变形，甚至管道破损漏浆现象，且现场没有详细的质量管理制度，未对现场进行作业责任区划，无法进行责任追究，此末端因素为要因。

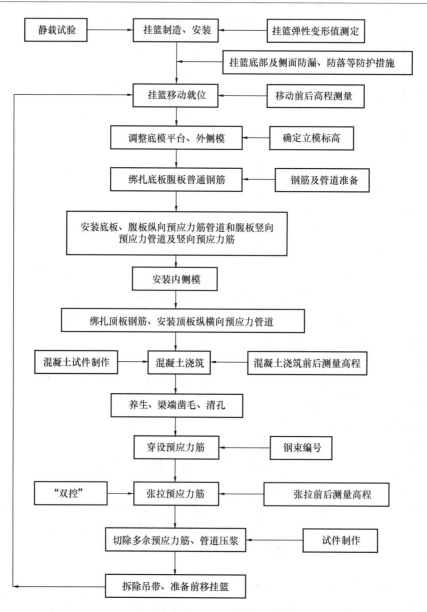

图 2-11 工艺流程图

制图人：×××   制图时间：×年×月×日

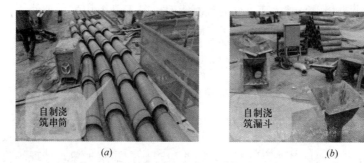

(a)   (b)

图 2-12 混凝土冲击波纹管检查情况

(a)   (b)

图 2-13　现场责任区划分检查情况

(9) 确认九：波纹管加固超标

确认标准：加固间距是否超出验标及图纸要求。

责任人：××、××；活动时间：×年×月×日～×年×月×日。

预应力孔道加固间距检查数据表　　　　　　　　表 2-19

部位	标准值（cm）	实测平均值（cm）	是否合格
纵向		97	不合格
竖向	≤50	48	合格
横向		48.5	合格
问题	纵向预应力孔道加固间距严重超标，横向和竖向预应力孔道加固合格		

纵向孔道加固间距检查数据统计表　　　　　　　　表 2-20

梁　段	19-4 号	20-4 号	19-5 号	20-5 号	19-6 号	20-6 号
完成时间	7 月 2 日	7 月 2 日	7 月 8 日	7 月 8 日	7 月 14 日	7 月 14 日
加固间距平均值（cm）	106	95	97	104	90	90

经现场查验统计，设计管道加固间距为 50cm，现场施工的竖向和横向孔道加固间距均满足设计要求，但纵向管道加固间距大部分不合格，合格率较低，具体检查情况见表 2-19、表 2-20 及图 2-14、图 2-15。此末端因素为要因。

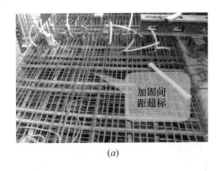 

(a)   (b)

图 2-14　波纹管加固超标检查情况

要因汇总分析：

通过对 9 个末端因素进行分析论证，共确认了四个造成孔道成孔质量问题的主要原因，分别为操作培训不到位、孔道口封闭不严、责任划分不明确、波纹管加固间距超标。

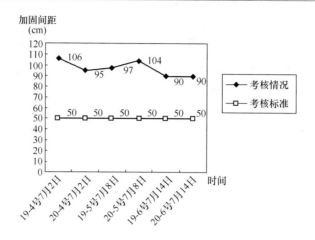

图 2-15 纵向孔道加固间距检查数据折线图

制图人：×××   制图时间：×年×月×日

案 例 与 点 评

本案例编写内容基本完整，图文并茂，值得提倡；要因确认逐条进行，运用调查表、柱状图、折线图等统计工具，此外附有现场实物照片。统计工具运用比较合理；要因确认过程以数据和事实说话，客观准确。

改进建议：要因确认计划表的形式不够标准，确认内容与确认标准应该分开说明，计划完成时间应该改为计划活动时间（增加活动的计划开始时间）；要因分析结论过于单一，应从 5M1E 分类的角度分析要因的分布是否合理。

2.7.4 本节统计工具运用

本节可以运用的统计工具有调查表、分层法、直方图、控制图、散布图、矩阵数据分析法、头脑风暴法、流程图和简易图表，其中常用的统计工具有调查表、头脑风暴法和简易图表。

2.8 制定对策

2.8.1 编写内容

按照"5W1H"要求的原则，逐一对每个主要原因进行分析，提出对策，明确目标，制定可行性措施，落实实施地点，计划好完成时间，确定实施措施的责任人，保证对策措施的顺利实施，以下逐一介绍如何制定对策。

1. 针对主要原因提出对策，选择最优对策

所谓对策，就是解决主要原因的提纲，我们如何通过 QC 小组活动的开展，将质量问题解决到什么程度、提高到一个什么级别或达到什么目的。

首先对提出的各种对策进行罗列与删选，必须考虑选择对策的重点是在小组成员的能力和客观条件的允许范围内能够完成，且能达到一个较好的效果。由于活动前对策措施是否有效可行，谁也不能保证，为此，制定对策的首要问题，就是要针对每一条主要原因，通过头脑风暴法大家畅所欲言，大胆提出诸多对策，这一过程要详细陈述，从有效性、可实施性、经济性、时间性等方面通过讨论、论证，进行综合地可行性分析，最终确定最佳

对策，这些过程是决定成果成败的关键。如："龙骨横梁水平偏差大"的问题，其问题是由什么原因造成，有没有超规范，在小组能力范围内能提高多少。在提出若干对策时，暂不考虑是否可行，只要能解决"问题"都提出来以供选择确定。让小组全体成员根据其相应知识、有关经验及各种信息，互相启发、补充，提出各种各样的对策方案，对每条对策进行综合评价，从有效性、技术性、可实施性、经济性、可靠性等方面进行综合分析评估，进而相互比较，选出最令人满意的对策。

2. 明确目标

针对主要原因，通过所确定的对策，需要一个量化的指标或目标，针对目标成果才能有针对性的继续开展下去。这条主要对策能改进到什么标准，就是要把主要对策提高的程度进行预设目标，而且必须满足该主要原因的判别标准，甚至高于判别标准，能够检查的（可测量）目标。如果达到了对策的目标，回到（或高于）标准要求的规格范围以内，才能说明这条主要原因可以得到解决。

对策设置目标，目标是检验后面实施情况的依据，主要是检验对策实施的结果，判断实施的有效性；每个要因制定改善的目标值，必须具体，能量化的尽量量化，便于对每条实施的结果进行比较，以说明该条实施达到的程度。如果目标不能量化，要制定出可以检查的目标，或者通过间接定量方式设定。最终要形成的工法或标准等技术目标在对策表中也要明确。

一般情况下，应以确定主要原因时的判别标准为依据，如：针对"雨水斗法兰配孔错位"，活动后的标准是"孔心偏差≤2mm"，这个标准就可将作为制定对策时的"目标"，而且这是可测量验收的量化指标。

3. 制定可行性措施

对策、目标确定之后，如何去实现这个目标，采用哪些具体措施才能使对策的目标得以实现。因此，必须在制定对策计划时就应认真策划实现对策的措施，在巩固阶段需形成的制度、作业指导书、标准或对这些制度的修改，必须预先列入措施计划中，使制定的对策计划能更好地去指导实施，不然形成的标准化文件也将无效。

根据目标和对策，制定具体措施方法和实施手段，措施是针对为改变现状实现目标所采取的作业步骤，应具体、具有可操作性。要有具体的步骤，考虑的越周密、越具体、操作性越强，才能更好地指导实施。

4. 实施地点

实施地点要按照实施的具体情况确定，不能笼统地统一地点，可以在施工现场的哪个工段、哪个部位，可以在办公室或会议室，也可以在材料供应商的某一场所，以便于措施的实施。

5. 完成时间

明确措施完成的时间要求，规定具体的完成时间，确保小组活动的时效性，总结时按小组活动预估的一个计划时间进行。

6. 责任人

分工明确，才能事半功倍，主要责任人要覆盖到小组的主要成员，体现全员参与、共同提高的精神，实施过程可能有改进、讨论、分析，因此对策实施要由小组成员全员参与，可以是多人，还需要多人配合完成。

2.8.2 注意事项

1. 前后要呼应、逻辑性强

(1) 按"对策表"的要求逐一制订实施措施；

(2) 对策选择应与要因相对应；

(3) 制定的对策措施应与对策相对应；

(4) 与现状分析联系起来。

2. 对策要有对比性、针对性、可实施性

(1) 虽然提出几个对策，可能只有一个方案，或几个方案分析、选优；选优时不能主观或采用"0、1打分"法；

(2) 提出的对策综合分析评价中尽量运用统计工具。

3. 对策目标要量化且措施能有效地指导实施

(1) 内容表达要清楚且表达要具体；对策表中的"目标"栏，要尽可能用定量（可测量）的目标值来表述。应杜绝使用"加强"、"提高"、"减少"、"争取"、"尽量"、"随时"等抽象词语；

(2) 对策与活动主题要有关系，改进的方法不能太理想化；

(3) 如果效果检查没有达到对策表中所定的"目标"时，要重新评价措施的有效性，必要时要修正所采取的对策措施；

(4) 5W1H 不能漏项，更不能前后颠倒，顺序为：要因、对策、目标、措施、地点、完成时间、责任人。

2.8.3 案例与点评

《提高劲性柱混凝土的施工质量一次合格率》的制定对策

1. 提出对策

针对"节点部位深化设计不详细"、"技术交底掌握率低"、"无型钢混凝土组合结构施工经验"三条要因，运用头脑风暴法，发动小组成员献计献策，经整理提出对策，见表2-21。

对 策 汇 总 表   表 2-21

序号	要因	对策序号	对 策 内 容
1	节点部位深化设计不详细	1.1	请原设计单位补充深化设计图纸
		1.2	请专业单位对劲性结构进行二次设计
		1.3	项目部对劲性结构进行深化，明确节点区细部做法
2	技术交底掌握率低	2.1	项目部对班组成员进行技术交底
		2.2	由各班组组长对其成员进行交底
3	无型钢混凝土组合结构施工经验	3.1	寻找有类似施工经验的施工班组
		3.2	对现有的施工班组人员实施参观、教育学习
		3.3	由有经验施工人员帮带无施工经验的

制表人：×××   制表时间：×年×月×日

2. 对策综合评价

QC小组成员针对每条对策，从有效性、可实施性、经济性、可靠性等四个方面进行综合分析评估，进而相互比较，选出最令人满意的对策（表2-22），作为准备实施的对策。

对策评估、选择表 表 2-22

序号	要因	对策方案	对策分析评估	比较对策	选定对策
1	节点部位深化设计不详细	请原设计单位补充深化设计图纸	原设计单位深化图纸后，需再进行一次图纸会审，存在的问题还需再次进行图纸修改，时间较长，效率不高	对策1.3相比对策1.1、1.2可实施性强、有效性高，经济费用低，更能贴近施工现场情况	
		请专业单位对劲性结构进行二次设计	专业单位进行深化，此部分将增加费用，且对图纸及现场不了解，深化内容可能存在偏差，深化图还需请原设计单位确认，流程繁琐		
		项目部对劲性结构进行深化明确节点区细部做法	项目部在图纸会审后结合现场施工情况进行深化设计，选择最有利于现场施工的方式进行节点优化，后请设计确认		√
2	技术交底掌握率低	项目部对班组成员进行技术交底	直接对操作工人及班组长进行技术交底，减少了信息传递的中间过程，增加了信息传递率，工人不明白之处可当场提问，现场解决	对策2.1相比对策2.2更可靠、更有效的将信息传递给操作工人	√
		由各班组组长对其成员进行技术交底	项目部对班组长交底后，由班组长再对操作工人交底，多了中间信息传递过程，信息传递中有可能失真		
3	无型钢混凝土组合结构施工经验	寻找有类似施工经验的施工班组	现在市场技术工人紧缺，短时间内不可能找到所需要的技术人员，人工费较高	对策3.2相比对策3.1、3.3更能节省时间、可实施性强、效果更好。管理人员及操作工人能同时对本工程有一个深刻的了解	
		对现有的施工班组人员实施参观、教育学习	小组成员现场对操作工人进行理论教育，样板施工，实地教学、感性学习		√
		由有经验施工人员帮带无施工经验的	工人之间的帮带只有口耳相授，难以持久，施工经验未必用于本工程，效果不佳		

制表人：×××   制表时间：×年×月×日

3. 对策表

根据对策评估、选择所确定的对策，按照5W1H的原则制定对策见表2-23。

对　策　表　　　　　　　　　　　　　　表 2-23

序号	要因	对策	目标	措　　施	负责人	地点	完成时间
1	节点部位深化设计不到位	深化钢结构图纸的二次设计,明确节点区细部做法	①节点部位做法明确,钢筋布置顺畅 ②节点部位钢筋与钢结构柱矛盾率为 0	①加强钢筋与钢结构深化设置人员之间的沟通,进行全面仔细的图审,明确各自的要求 ②利用钢结构深化设计 Xsteel 软件对图纸深化设计 ③深化设计图请设计确认 ④加强现场施工管理	××× ×××	会议室 设计院 施工现场	×年×月×日 ～ ×年×月×日
2	技术交底掌握率低	做好三级技术交底工作	交底率 100%,掌握率 ≥95%	①编制技术交底,明确质量标准 ②加强班组施工人员的质量意识,对操作人员的技能方面加强培训 ③书面与现场交底同时进行	××× ×××	办公室 会议室 施工现场	×年×月×日 ～ ×年×月×日
3	无型钢混凝土组合结构施工经验	组织工人学习和实地观摩指导	技能考核合格率≥95%	①编制教材并组织学习 ②施工前做样板 ③对样板工程进行实地观摩指导 ④组织技能考核	××× ×××	办公室 施工现场	×年×月×日 ～ ×年×月×日

制表人:×××　　　　　　　　　　　　　　　　　制表日期:×年×月×日

案　例　点　评

本案例针对要因运用头脑风暴法提出了所有解决问题的对策,并对各对策从可靠性、可实施性、有效性、经济性等方面进行了综合评价,从而确定了优选的对策;对策表中的各项对策方案的目标量化,便于实施后对照检查;措施具体,条理分明。

改进建议:在对策比选时,增加数据内容,以增强说服力。

2.8.4　本节统计工具运用

可以使用的统计工具有:PDPC 法、头脑风暴法、正交试验设计法、图片、调查表、分层法、直方图、控制图、散布图、网络图、简易图表和过程能力。其中 PDPC 法、头脑风暴法、正交试验设计法和图片特别有效。

2.9　对策实施

2.9.1　编写内容

对策实施,就是按照所制定的对策(措施)进行一系列的具体活动过程。

(1)按"对策表"的要求逐一实施,并尽量采用图表来叙述实施过程。对实施活动过程的情况、数据、效果进行记录，内容包括录音、录像、图片和一并收集分析的数据表格。在实施过程中要注意观察和记录执行中的动态，认真做好数据的收集和分析，记录活动全过程。

（2）每条对策的实施，要按照对策表中的"措施"落实实施。实施过程中，如何具体进行的，遇到了什么困难，努力克服的情况（做了什么，怎样做的，结果如何？当未能满足对策表中"目标"的要求时，又做了什么，怎样做的，结果又怎样？……），要详细进行活动记录，整理成果报告。

（3）每条对策在实施完成后应进行阶段性的总结验证，确认其目标（或效果）是否实现，并与对策表中每条对策应达到的目标一一对应比较，说明对策措施的有效性。

2.9.2 注意事项

（1）应逐条进行对策实施，以显示其针对性和逻辑性。每条对策实施后，除确认结果外，还需从对影响安全和环境、相关部位的质量、费用及成本的增加等方面进行核查，以图文并茂的形式说明实施过程，让人一目了然。

（2）在实施每个对策时，要对该项对策及其结果进行综合评估，运用统计工具，以便较清楚地反映目标是否实现。

（3）若未达到该对策的目标，应再进行分析，重新制定对策，再实施，直至达到目标，小组活动时攻克了一些技术难点，总结时也要将这些活动中的技术创新点进行总结。

（4）"闪光点"是成果最重要的组成部分，活动中所创造的小发明、新工艺必须加以重点说明。

（5）每条对策实施的小标题和实施的内容用语最好与"对策表"中"对策"、"措施"所用的词语一致。

（6）要紧扣对策实施措施，层层铺开叙述，不能使对策与实施脱节，措施与实施内容脱节，易造成逻辑上的混乱。

2.9.3 案例与点评

《提高现浇钢筋混凝土坡屋面施工质量一次合格率》的对策实施

实施一：针对质量奖罚制度不全的要因

（1）制定严格的奖惩制度，奖罚分明。由项目部×××、×××于×年×月×日制定了《坡屋面施工质量奖惩管理规定》，管理规定中明确规定：屋面混凝土质量各项指标实测数据合格率达到90%以上，视为优良，对劳务班组一次性奖励1000元；如实测数据合格率达到85%～90%，视为合格，对劳务班组不奖不惩；如实测数据合格率达不到85%，则视为不合格，对劳务班组进行一次性处罚1000元，并进行整改。奖罚通知单及坡屋面施工质量奖惩管理规定审批表略。

（2）严格执行公司"三检制"，与班组签订承包协议，规定班组自检合格率100%，并加大项目管理部对自检和交接检的检查力度，由施工员×××负责。质检员×××进行专检，从而提高班组人员的质量意识，确保工程施工质量。附三检表，略。

阶段性效果检查：×年×月×日，小组检查了三检制度执行情况，五个瓦工班组具体的自检及奖罚数据见表2-24。

效果检查情况表   表 2-24

检查情况 班组	自检（合格率） （%）	交接检	专检	奖罚情况
瓦工班组 1	100	好	合格	无
瓦工班组 2	100	很好	优良	奖励 1000 元
瓦工班组 3	100	很好	优良	奖励 1000 元
瓦工班组 4	100	好	合格	无
瓦工班组 5	100	好	合格	无

制表人：×××   制表时间：×年×月×日

通过制定奖惩管理规定和严格执行"三检制"制度，有力地提升了工作执行效率及工程施工质量，达到了公司企业标准的要求，自检合格率达到 100%。

实施二：针对坡屋面节点处模板支撑不牢固的要因

（1）利用 CAD 软件对施工图纸准确放样、细化，并对节点处支撑体系进行严格的计算。

小组成员经过分析认为，坡屋面的许多细部尺寸在设计图纸中未标注明确，只给出了坡屋面屋脊处和最低处标高，如梁与斜板节点、斜板与柱节点、折梁端点、异形构件截面的尺寸、标高不直观，计算繁琐，容易出错，无法直接对坡屋面进行施工放线和模板配制。

为了保证坡屋面各节点处模板计算和配制的准确性，×年×月×日开始，技术负责人×××按照设计图纸，运用软件 AutoCAD，将坡屋面节点处尺寸进行模拟放样，直接准确地在软件中测量每一个结构细部的位置尺寸和标高，并对节点处的支撑进行严格计算。施工现场根据软件中细化的图纸，进行施工放线和模板配制，钢管选择 3.0mm 以上厚的是 $\phi48$ 钢管，在坡屋面上每隔 500mm 设置两道对拉丝杆，采用 $\phi12$ 高强对拉丝杆，所有模板拼缝接口端面选用 2mm 厚的不干胶泡沫条满贴。配模安装模拟放样见图 2-16。

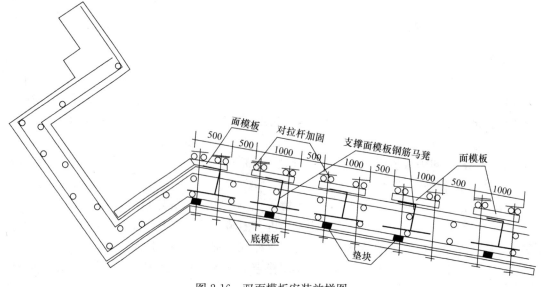

图 2-16 双面模板安装放样图

（2）由技术负责人×××组织检查模板支撑情况，进行验收，符合要求后进行下道工序的施工。

阶段性效果检查：×年×月×日，小组抽查了 57 号房模板支撑验收情况，模板验收合格率达到了 100%，见表 2-25。

模板立杆支撑间距抽查情况统计表　　　　　　　　　　　　　　表 2-25

点数 检查内容	1	2	3	4	5	6	7	8	9	10	11	12	13	14	15	16	17	18	19	20	21	22	23
模板支撑 间距检查	√	√	√	√	√	√	√	√	√	√	√	√	√	√	√	√	√	√	√	√	√	√	√

制表人：×××　　　　　　　　　　　　　　　　　　制表时间：×年×月×日

注：√＝合格；×＝不合格。

　　　标准为模板立杆支撑间距≤800mm；合格率为 100%。

通过软件对施工图纸的细化和对支撑体系的精确计算，准确地还原和表达了施工意图，坡屋面放线精确度达到要求，支撑牢固可靠。

实施三：针对混凝土浇筑顺序不合理、振捣方法不正确要因

（1）在方案中明确坡屋面混凝土浇筑顺序、分段、相接浇筑；进行技术交底。

由项目技术负责人×××编制了《坡屋面专项施工方案》，在方案中规定屋面混凝土的浇筑沿屋檐外环线以宽为 50cm 的环线按顺时针方向进行混凝土浇筑，并在最初浇筑的混凝土初凝前进行交圈，然后按宽为 50cm 的环线进行第二圈的浇筑，逐渐向屋脊靠近，完成整个屋面混凝土的浇筑施工。

方案经分公司技术负责人审核，总工审批，于×年×月×日开始实施，见图 2-17。

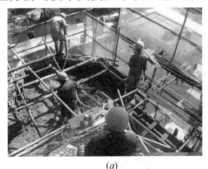

（a）　　　　　　　　　　　　　　　（b）

图 2-17　屋面混凝土的浇筑

由项目部技术负责人×××组织对五个瓦工班组进行技术交底，明确了坡屋面混凝土浇筑的顺序、分段、相接施工等要求。

（2）根据方案按照由上往下，逐段台阶式的浇筑程序进行，现场由项目部施工员×××负责指导和监控。

（3）点振法施工就是用振动棒垂直于模板面对屋面混凝土进行振捣的一种施工方法，主要有以下主要优点：一是振动面积小，能一步振动到位，可提高混凝土的密实性；二是振捣所需的时间短，每点振动时间约 5s 左右，减少了混凝土流失；三是施工操作简单，振动棒只需一个人就可以操作，减少了施工人员对钢筋的踩踏，能更好地保证钢筋不移位

不变形；四是点振法施工时混凝土的坍落度小，减少了用水量，可有效地降低混凝土内部的毛细孔道，提高混凝土楼板的密实性，减少屋面板底的蜂窝现象。同时在部分天窗位置采用双模板，以保证混凝土的密实性。

（4）施工中严格控制振捣间距、顺序和振捣时间。见表 2-26。

振捣数据表

表 2-26

序号	检查项目	部位	数值（平均）	方案要求	合格率（%）
1	振捣间距	57 号坡屋面	38cm	≤40cm	100
2	振捣顺序	57 号坡屋面	顺时针	顺时针	100
3	振捣时间	57 号坡屋面	5s	5s	100
	合计				100

制表人：×××   制表时间：×年×月×日

阶段性效果检查：×年×月×日，小组对已拆模的混凝土浇筑实体观感质量进行了检查，见表 2-27。

观感检测数据表

表 2-27

序号	检查项目	检查点数	不合格点数	合格率（%）
1	板底混凝土蜂窝	60	1	98.3
	合计	60	1	98.3

制表人：×××   制表时间：×年×月×日

经过以上统计，混凝土无麻面，蜂窝合格率 98.3%＞98%，达到了混凝土密实、均匀的施工质量目标。

案 例 点 评

本案例编写时注意到了按对策表中的对策逐条对应实施，大量运用图、表来表达实施过程与结果，体现了以数据说话的 QC 活动原则，每项实施后都对照对策目标及时进行效果验证，交待清楚。

2.9.4 本节统计工具运用

建议使用的统计工具有：PDPC 法、头脑风暴法、正交试验法、图片、调查表、分层法、直方图、控制图、散布图、网络图、简易图表和过程能力。其中，PDPC 法、头脑风暴法、正交试验法和图片特别有效。本节介绍正交试验法。

某复合地基处理工程的试验研究，考虑影响水泥土抗压强度的 6 个主要因素：龄期、水泥掺合比、土样含水量、水泥强度等级、外加剂和温度。为得到这 6 个因素各自的影响特点，用正交试验法进行试验研究。

（1）试验安排实施与数据整理

为试验方便，分别用 A、B、C、D、E、F 代表 6 个因素，且根据经验选取每个因素的 3 个水平。此处为了避免系统误差，将号码与具体水平做"随机化"处理，用抽签法将每个因素的 3 个水平分别定他因子水平的特定组合下才成立的，并不能保证为 1、2、3，如表 2-28 所示。

试验选定的因子与水平 表 2-28

影响因素		龄期（d） A	水泥掺合比 （%）B	土样含水量 （%）C	水泥强度等级 D	外加剂 E	温度 （℃）F
水平	1	28	10	80	325	石膏	40
	2	14	20	60	525	碳酸钙	30
	3	60	15	40	425	三乙醇胺	50

首先应该选择一个合适的正交表。由于因子水平均为 3 个，所以选用 L_n（3^t）型正交表，这里共考虑 6 个因子，因此要选择一个 $t \geqslant 6$ 的正交表，而 L_{18}（3^7）是满足 $t \geqslant 6$ 的最小的正交表，故选用 L_{18}（3^7）型，如表 2-29。

正交表 L_{18}（3^7） 表 2-29

试验号	列号							试验数据 （kPa）
	A	B	C	D	E	F	G（空）	
1	1	1	1	1	1	1	1	$y_1 = 963$
2	1	2	2	2	2	2	2	$y_2 = 2039$
3	1	3	3	3	3	3	3	$y_3 = 2846$
4	2	1	1	2	2	3	3	$y_4 = 780$
5	2	2	2	3	3	1	1	$y_5 = 1840$
6	2	3	3	1	1	2	2	$y_6 = 2566$
7	3	1	2	1	3	2	3	$y_7 = 1439$
8	3	2	3	2	1	3	1	$y_8 = 3568$
9	3	3	1	3	2	1	2	$y_9 = 1428$
10	1	1	3	3	2	2	3	$y_{10} = 1974$
11	1	2	1	1	3	3	1	$y_{11} = 1586$
12	1	3	2	2	1	1	2	$y_{12} = 1382$
13	2	1	2	3	1	3	2	$y_{13} = 1168$
14	2	2	3	1	2	1	3	$y_{14} = 2980$
15	2	3	1	2	3	2	1	$y_{15} = 1145$
16	3	1	3	2	3	1	2	$y_{16} = 2827$
17	3	2	1	3	1	2	3	$y_{17} = 2855$
18	3	3	2	1	2	3	1	$y_{18} = 2328$

根据表 2-29 安排试验，可以得到 18 个试验的条件，即只需要进行 18 次试验，而如果使用全面搭配试验法，则要增加较多的试验次数，这是不现实的。可见使用正交试验法可大大减少试验次数。

本次试验的材料，原料土取自×××关山地区某工程地基深处的淤泥质土，其物理力学性能指标如表 2-30 所示；水泥采用××钢铁公司汉钢水泥厂生产的 3 种普通硅酸盐水泥；水为自来水。现在原料土中加入不同比例的水，对原料土的含水量进行调整后加入不同比例以及不同标号的水泥，最后掺入不同种类的外加剂混合搅拌成均匀的浆体，将浆体采用分层压实的成型方法，压入直径 40mm、高 80mm 的模具内养护，1d 后脱模放入标准养护箱内养护至试验所要求的不同龄期。

将达到要求龄期的试样在电动无侧限压缩仪上测定其无侧限抗压强度值，试验以应变控制，加荷时试样竖向变形每增加 0.1mm 读取一次压力值，直至试样压力值不再增加或降低为止。为避免偶然误差，每号试验都进行 3 次，取其平均值为此次试验的结果值，将试验结果填入表 2-29 数据栏。

原料土的主要物理力学指标　　　　　　　　　　　　　表 2-30

含水量 （%）	湿密度 （g/cm³）	液限 （%）	塑限 （%）	液性指数	塑性指数	孔隙比	压缩系数 （MPa⁻¹）	压缩模量 （MPa）
37	1.85	34.46	21.52	1.2	12.94	1.02	0.5	3.7

（2）试验数据分析

1）所选因子水平对水泥土强度的影响

从表 2-29 因子 A 栏，可以求出列号 1（有 6 个）试验数据（y_i）的均值：$m_{1A} = 1793.3$，列号 2、3 的均值为 $m_{2A} = 1746.5$，$m_{3A} = 2407.5$。说明在因子 A 所选定的 3 个水平中，60d 龄期的水泥土强度最高，其次为 28d，最低者为 14d。其大小顺序为 3、1、2。

用同样的方法可以求得其他因子各水平优劣的排列，结果如表 2-31 所示（由大至小）。

各因子水平优劣排列　　　　　　　　　　　　　　　表 2-31

因子编号	A	B	C	D	E	F
水平排列	3、1、2	2、3、1	3、2、1	2、3、1	3、1、2	3、1、2

由表 2-31 可知，在所选各影响因素的水平中，能使水泥土抗压强度值提高的各因子水平分别为：A_3、B_2、C_3、D_2、E_3、F_3，其组合 $A_3B_2C_3D_2E_3F_3$ 即为使得水泥土强度值最高的最优工程条件。而且仔细研究即可发现，这个最佳搭配的试验并没有进行过，这说明正交试验法能通过少次数试验找出全局试验中的最好结果。

另外，结合前述龄期影响规律的分析，由表 2-31 结果能断定：此水泥土抗压强度的大小随龄期增大而增大、随掺合比增加而增加、随含水量增加而降低、随水泥标号的增加而增加；另外三乙醇胺和石膏的掺入能增加其强度，而磺酸钙的加入对强度影响不大，这就能为实际工程中水泥土的应用提供一定的参考。

2）影响水泥土强度各因素重要性比较

由表 2-29 试验结果计算得：$T = 35714$，$Y = 1984$。因为因子的每个水平在所有试验中都出现了 6 次，因此

$$S_i = 6\left[(m_{1i} - Y)^2 + (m_{2i} - Y)^2 + (m_{3i} - Y)^2\right]$$
$$(i = A, B, C, D, E, F)$$

式中　T——所有试验结果的总和；

　　　Y——所有试验结果的平均值；

　　　S_i——离差平方和。

计算可得：$S_A = 2.36 \times 10^5$、$S_B = 3.00 \times 10^6$、$S_C = 1.02 \times 10^7$、$S_D = 8.61 \times 10^4$、S_E

40

$=1.12 \times 10^5$、$S_F = 3.28 \times 10^4$。

比较可知，C 因子即土样含水量取值大小的改变对水泥土强度的影响最大，其后依次为水泥掺合比、龄期、外掺剂种类、水泥强度等级、温度。

因此工程实际中要改变水泥土的抗压强度特性，可以在土样含水量、水泥掺合比、龄期、外掺剂种类这些重要因素上进行优化，而由于水泥强度等级和温度的改变对水泥土强度的影响比较小，故一般不采用提高水泥标号和增加温度的做法。

3）试验结果分析

分析表 2-29 发现第 7 列没有安排因子，应为空列，但仍依照其他因子进行计算，得 $S_G = 6.26 \times 10^4$。此变动值是由于随机误差引起的，但是其值比 S_F 还要大，即温度值的变动对试验结果的影响程度比随机误差影响程度还小，可以说温度影响程度与随机误差相当。

因此实际工程中可以不考虑温度对水泥土强度的影响，即前述最优工程条件中可以舍弃温度因素而只考虑其余 5 个因素水平的组合。

另外，通过对前述实例用轮换因子法进行试验和分析，发现对因子 D 即水泥强度等级，某些条件下水平 3 为最优，但另外一些条件下则没有水平 2 好，如果试验采用轮换因子法就有可能得出错误的影响趋势或者漏掉最优的工程条件，而正交试验法则能避免此类错误的发生，因此对于土工多因素试验，采用正交试验法是一个好的选择。

试验结果分析、一般采用目测法、极差分析法、画趋势图等。看一看，可靠又方便；算一算，有效又简单，反复调优试验以逼近最优方案。

（3）结论

正交试验法能通过少次数的试验获得足够的信息，找出试验指标最优的全体因子水平组合，分析出影响试验指标的各因素的重要性，得出各因子水平的变化对试验结果的影响趋势。在具有诸多不确定因素的岩土工程试验中，正交试验法能大大减少试验次数，同时能提供正确的试验结果，比常用的安排试验的方法科学合理，能在岩土工程科学研究与工程设计中发挥重要的作用。

2.10 效果检查

2.10.1 编写内容

（1）与 QC 小组活动制定的总目标进行对比，检查是否达到了预定的目标，同时应把在改进后的施工方法和工艺流程，在实施过程中所取得的数据，与小组设定的课题目标进行对比。

（2）与对策实施前的现状进行对比，检查活动前后主要质量问题是否得到改进或提高。

（3）计算经济效益。小组通过活动，实现了自己所制订的目标，凡是能计算经济效益的，都应该计算经济效益。

计算经济效益的期限，一般来说只计算活动期（包括巩固期）内所产生的效益。巩固期的长短，应根据实际情况来确定，且是在稳定的状态下所产生的效益。

实际经济效益＝产生的收益－投入的费用。

（4）总结归纳社会效益。如节能减排、绿色环保；相关单位对小组活动的认同度；工程质量效应、信誉等内容。

2.10.2　注意事项

（1）要以数据和事实为依据，取得的成果要有相关单位或部门的认可。产生的经济效益需提供本公司财务部门的证明和监理、建设单位出具的证明。

（2）如果没有达到所设定的目标，则应分析未达到目标的原因，返回到原因分析程序，再按程序实施，待实施完成取得效果后再进行检查验证。

（3）对于所解决的主要问题症结，要把实施后的效果与现状调查时的状况进行对比，以明确改善的程度与改进的有效性。

（4）计算经济效益要实事求是，不要拔高夸大，或加长计算的年限，更不要把还没有确定的费用，作为小组取得的效益来计算，也不要把避免工程返工返修所产生的效益计算在内。

2.10.3　案例与点评

《提高大桩径冲孔灌注桩成孔质量合格率》的效果检查

某小组通过对策实施活动后检查其效果如下：

1. 质量完成情况统计

（1）经过对策实施后，小组对大桩径冲孔灌注桩成孔质量合格率进行了统计，结果见表 2-32。

大桩径冲孔灌注桩成孔质量合格率统计表　　　　　　表 2-32

桩号	检查结果	桩号	检查结果	桩号	检查结果	桩号	检查结果	桩号	检查结果	桩号	检查结果
61 号	合格	13 号	合格	73 号	合格	85 号	合格	97 号	合格	109 号	合格
62 号	合格	14 号	合格	74 号	合格	86 号	合格	98 号	合格	110 号	合格
63 号	合格	15 号	合格	75 号	合格	87 号	合格	99 号	合格	111 号	合格
64 号	合格	16 号	合格	76 号	合格	88 号	合格	100 号	合格	112 号	合格
65 号	合格	17 号	合格	77 号	合格	89 号	不合格	101 号	合格	113 号	合格
66 号	合格	18 号	合格	78 号	合格	90 号	合格	102 号	合格	114 号	不合格
67 号	合格	19 号	合格	79 号	合格	91 号	合格	103 号	合格	115 号	合格
68 号	合格	20 号	合格	80 号	合格	92 号	合格	104 号	合格	116 号	合格
69 号	合格	21 号	合格	81 号	合格	93 号	合格	105 号	合格	117 号	合格
70 号	合格	22 号	合格	82 号	合格	94 号	合格	106 号	合格	118 号	合格
71 号	合格	23 号	合格	83 号	合格	95 号	合格	107 号	合格	119 号	合格
72 号	合格	24 号	合格	84 号	合格	96 号	合格	108 号	合格	120 号	合格

合格率＝合格数/总数×100％＝58/60×100％＝96.67％

制表人：×××　　　　　　　　　　　　　　　　　　　制表日期：×年×月×日

从表 2-32 和图 2-18 可以看出，大桩径冲孔灌注桩成孔质量合格率已经提升到了 96.67％，反映出了大桩径冲孔灌注桩成孔质量合格率得到了进一步的显著提高，圆满完成了 QC 小组活动目标。图 2-19 给出了活动前后成孔质量合格率的对比情况。

（2）×年×月×日，小组再次针对未达到优良的管段抽取 60 个不合格点进行分析，

42

最终找到了影响大桩径冲孔灌注桩成孔质量合格率的几个问题，包括了包括了塌孔、泥浆性能差、沉渣过厚、垂直度、孔位偏差等，统计结果见表 2-33。

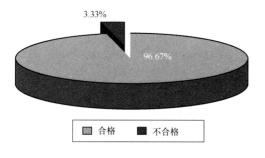

图 2-18 成孔质量合格率饼分图

制图人：×××　　　制图日期：×年×月×日

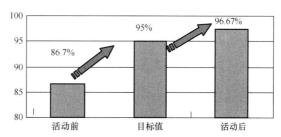

图 2-19 活动前后成孔质量合格率对比图

制图人：×××　　　制图日期：×××

影响成孔质量合格率因素调查表　　　　表 2-33

序号	影响因素	发生频数（个）	频率（%）	累计百分比（%）
1	沉渣过厚	18	30.00	30.00
2	泥浆性能差	18	30.00	60.00
3	垂直度偏差	12	20.00	80.00
4	塌孔	6	10.00	90.00
5	孔位偏差	3	5.00	95.00
6	其他	3	5.00	100.00
	合计	60	100.00	

制表人：×××　　　　　　　　　　　　　　　制表日期：×年×月×日

从表 2-33 和图 2-20 可以看出，原现状调查时影响成孔质量合格率的"塌孔"主要问题，已经得到了很好的控制和处理，已不再是主要问题。

2. 经济效益

（1）QC 活动投入：a. 购置更换材料费用1200 元；b. 增加的人工费用2400 元；c. 在施工中根据奖罚规定共奖励施工人员费用3000 元；d. 其他费用1100 元。共计（1200＋2400＋3000＋1100）＝7700 元。

（2）QC 活动节省的费用：通过此次的 QC 活动，小组成功地提高了大桩径冲孔灌注桩成孔合格率，减少了因排浆系统维护耽误的工期，加快了施工进度，提前 5d 完成了成孔施工任务。由此节约的施工成本为：a. 机械设备租赁费用（吊机、汽车、备用发电机、高压变压器等）2800 元/d；b. 节约电费 920 元/d；c. 节约人工费 4800 元/d；d. 其他费用 3300 元/d。共计（2800＋920＋4800＋3300）×5＝59100 元。

（3）即通过此次 QC 活动产生的直接经济效益＝ QC 活动节省的费用- QC 活动投入＝59100-7700＝51400 元。

QC 活动取得经济效益的财务证明略。

3. 社会效益

通过本次 QC 小组活动，大桩径冲孔灌注桩成孔质量合格率得到了较大的提高，得到

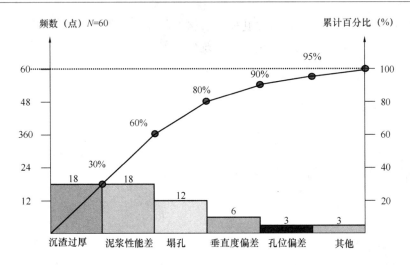

图 2-20　影响成孔质量合格率因素排列图

制图人：×××　　　　制图日期：×年×月×日

了业主、监理等单位的一致好评，为今后同类施工积累了经验和打下了良好的基础，增强了企业施工质量的可信度和市场竞争力。

建设单位、监理单位证明略。

案 例 点 评

该案例有针对性地对目标完成情况、经济效益和社会效益进行了总结，质量效应有活动后的质量合格率统计表，绘制了排列图，通过排列图说明了活动成果的有效性，原先的主要问题已得到了很好的控制；经济效益分析透彻，说服力强；社会效益也很好地进行了阐述；统计工具应用符合要求。

2.10.4　本节统计工具运用

建议使用的统计工具有：调查表、分层法、排列图、直方图、控制图、头脑风暴法、水平对比法、流程图、简易图表、过程能力和图片，其中分层法、头脑风暴法、简易图表、过程能力和图片特别有效。

2.11　巩固措施

2.11.1　编写内容

（1）把已被实践证明的"有效措施"形成的"标准"进行整理。

"标准"是广义的标准，它可以是标准，可以是图纸、工艺文件，可以是作业指导书、工艺卡片，可以是作业标准或工法，可以是管理制度等。就是说，为了巩固成果，防止问题再发生，总结时应把对策表中能使要因恢复到受控状态的有效措施，纳入新标准，便于今后同类工程质量管理中应用。

整理过程应将标准的形成、审批过程、时间、文号等叙述清楚。

（2）总结巩固期时的质量控制情况，应及时收集数据，以确认效果是否维持良好的水平，通过统计工具进行分析，将对策前、对策后、巩固期三个阶段的质量控制情况进行分析，确认是否保持在相同的水平上。

2.11.2 注意事项

（1）已被证明的"有效措施"，是指对策表中经过实施、证明确实能使原来影响问题的要因得到解决，使它不再对质量造成影响的具体措施。应逐条列出新增、更改文件的编号、名称及内容，涉及技术文件和管理文件的修订、新增，应说明编号、名称及相关内容。

（2）"巩固措施"是将已经获得的成果进一步巩固，而不是今后怎么做。

（3）"巩固措施"的内容与"实施对策"密切相关，即"巩固措施"是"实施对策"时的成功做法，巩固措施必须是本课题活动的行之有效的措施。

（4）由于 QC 小组没有修订标准的权利，为此，必须按规定程序向标准的主管部门申报，由主管部门认可、批准后执行，它是完成时，而不是进行时。

2.11.3 案例与点评

《提高××桥梁预应力孔道成孔质量一次合格率》的巩固措施

通过 QC 小组活动，在施工中解决了预应力孔道成孔质量一次合格率较低的难题，积累总结了确保预应力孔道成孔质量的施工经验。编制的《大跨度铁路桥梁预应力孔道成孔施工作业指导书》，见表 2-34 在×年×月×日被公司收录进了企业施工工法、工艺大全里（收录编号：ztj16j-gf-××），作为后续施工的指导性文件，并在公司全面推广。

大跨度桥梁预应力孔道成孔施工作业指导书　　　　表 2-34

大跨度桥梁预应力孔道成孔施工作业指导书			
形成时间	×年×月×日	收录时间	×年×月×日
编号	ztj16j-gf-××		
主要内容及措施			
序号	巩固措施		备注
1	开展三级技术交底循环培训、现场操作技能演示提高工人操作技能		
2	使用孔道口防漏密封装置，并用废弃土工布做孔口全程防护		
3	制定切实可行且符合现场实际的质量管理制度，并根据现场实际情况划分作业责任区，绘制责任分区平面图		
4	根据孔道设计间距，设计制作网片定位筋，孔道按孔入位，并辅助钢筋卡扣固定；竖向预应力筋使用自制定位槽钢进行精确定位，保证加固间距		

活动后修订的作业指导书略。

×年×月，为了进一步巩固本次活动的成果，我小组安排了 4 名成员对活动的后续实施开展情况进行了动态跟踪、指导，并对后续施工的 13 号、14 号节段预应力孔道成孔质量进行了抽查，共计抽查 40 处进行了检查，检查合格率为 99.38%，数据统计如表 2-35 及图 2-21。

质量缺陷数据统计表　　　　　　　　　　　　　　表 2-35

序号	检查项目	抽查数量	不合格数量	备注
1	孔道堵管	共计 40 处，其中纵向 20 处，竖向和横向各 10 处	1	竖向 1 处
2	孔道变形		0	
3	孔道喇叭口堵塞		0	
4	孔道摩阻异常		0	
5	孔道积水		0	
合计		平均合格率 99.38%		

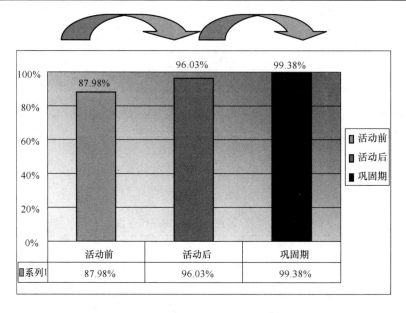

图 2-21　巩固期孔道成孔质量合格率对比图

制图人：×××　　　制图日期：×年×月×日

案　例　点　评

本案例把小组活动成果的各项措施进行了汇总，形成了施工作业指导书，并通过了集团公司的批准；在巩固期对合格率进行了检查统计，效果明显，并通过对比柱状图对效果进行了对比分析。

2.11.4　本节统计工具运用

建议使用的统计工具有：调查表、分层法、简易图表、过程能力和图片，有时也采用直方图和控制图，其中分层法、简易图表和图片特别有效。

2.12　总结与下一步打算

2.12.1　编写内容

（1）对成功的经验加以肯定。

（2）对不足之处进行分析。

（3）总结的方面包括：专业技术方面；管理技术方面；小组综合素质方面，内容包括：①质量意识，②问题意识、改进意识，③分析问题、解决问题的能力，④QC 方法运用，⑤团队精神，⑥工作干劲和热情，⑦开拓精神。

2.12.2 注意事项

（1）总结要实事求是，不要为了增强对比效果，把活动前说得一塌糊涂，把活动后写得尽善尽美。

（2）总结要充分肯定活动取得的成效，同时要分析存在的不足和原因。

（3）下一步的打算要有针对性，对提出的新课题要进行评估。课题来源包括：1）由于 QC 活动，解决了原来的"少数关键问题"，而原来的次要可能上升为关键问题，这些新生的关键问题就可以是下一步活动的课题；2）原来小组已经提出过的课题；3）小组新提出的课题。

2.12.3 案例与点评

《提高××桥梁预应力孔道成孔质量一次合格率》的总结与下一步打算

（1）专业技术方面：通过 QC 小组活动的开展，小组成员学到了许多专业技术的技能和经验。对于预应力孔道成孔质量缺陷预防方面，积累了大量实践经验，对预应力施工有了更深一步的了解，对于今后从事悬灌梁工程的施工和管理等方面工作，都有很大的启发和提高，对于提高工程质量、加强施工现场管理等方面，将起到积极作用。后续我们想通过设计变更，将原来的竖向预应力和横向预应力孔道成孔材料，由铁皮波纹管变更成塑料波纹管，横向预应力孔道沿用了我们自制的锚固端防漏锚盒，而竖向预应力我们在孔道上、下端增设进出浆塑料卡扣，保证开口不漏浆，提高出浆率，减小孔道摩阻力。

（2）管理技术方面：在整个活动过程中，小组活动严格按照 PDCA 循环程序进行，坚持以事实为依据，用数据说话，解决了预应力孔道成孔质量遇到的各个问题。

（3）小组综合素质：通过此次 QC 小

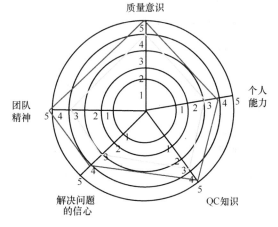

图 2-22 能力增长雷达图
制图人：××× 制图时间：×年×月×日

组活动，使小组成员积累了相关经验，增强了小组成员的团队意识和求真精神，提高了分析和解决问题的能力，各项素质有了全面的提高，同时也吸引了更多新学员的加入。表 2-36 和图 2-22 给出了小组成员自我评价和能力增长雷达图。

自我评价表   表 2-36

项目	自我评价	
	活动前（分）	活动后（分）
质量意识	4	5
个人能力	3	4
QC 知识	4	5
解决问题的信心	3	4
团队精神	4	5

（4）继续开展 QC 活动，进一步提高技术人员的技术水平及业务能力，增强质量意识，攻克质量、技术难关，缩短工序作业周期，提高经济效益。

（5）进一步普及 TQC 教育，不定期坚持开展 QC 活动，努力实施 QC 活动经常化、全员化。

（6）随着小组成员的不断补充，考虑在近期开展课题研究的同时，在新老成员中开展"传、帮、带"活动，延续××QC 小组的荣耀。

（7）把在×××工程上运用的预应力成孔质量保证技术进一步推广，并继续在我单位承建的××项目连续梁上实践检验。

（8）下一步，我们选择了进场后立项评分排在第二的"提高混凝土现场检测质量合格率"表 2-37 作为攻关课题。

各课题的立项评分表 表 2-37

序号	课题名称	必要性	重要性	紧迫性	难易度	经济性	综合评分
1	提高"××"桥梁预应力孔道成孔质量	★	★	★	★	▲	14
2	提高混凝土现场检测质量合格率	★	★	▲	▲	▲	12
3	提高桥梁挡渣墙钢筋绑扎的一次合格率	★	▲	▲	●	●	9
4	提高接触网立柱基础施工质量一次合格率	★	▲	●	●	●	8

注：★3分；▲2分；●1分。

案 例 点 评

本案例总结的内容完整，涵盖了专业技术、管理技术、小组综合素质三个方面；在下一步打算中优选了 QC 小组新的活动课题。

改进建议：雷达图（图 2-22）不是唯一的，可以采用对程序执行过程的逐项评价，对比说明小组活动前与活动后的改进情况，以及优缺点。

2.12.4 本节统计工具运用

可以采用统计工具有：分层法、简易图表图片等，其中分层法、简易图表统计工具特别有效。

3 问题解决型指令性目标 QC 成果的编写

问题解决型指令性目标 QC 活动，是为完成企业或相关部门、单位要求的质量管理目标提出的一种课题类型，目前此类型课题的应用越来越广泛。

3.1 工程概况

3.1.1 编写内容

工程概况主要涉及的内容：工程名称、工程地址、工程规模、使用功能。关键在于必须针对课题内容，详细介绍与课题有关的内容。

3.1.2 注意事项

（1）不适合加入企业简介，不能简单地仅仅介绍工程的工程名称、工程地址、工程规模、使用功能、质量管理目标等。

（2）应提供反映与课题相关的工程概况图片。

（3）该课题对应的施工进度计划。

（4）编写时可以运用调查表、网络图、流程图和简易图表及图片。

3.1.3 案例与点评

《提高大跨度不等高支座管桁架整体滑移就位施工质量》的工程概况

本工程为××科技学院新校区体育中心工程，分为体育场、篮球馆以及训练场三部分。训练馆横向为主桁架，如图 3-1 所示，由 10 榀管桁架组成，纵向为次桁架，由 7

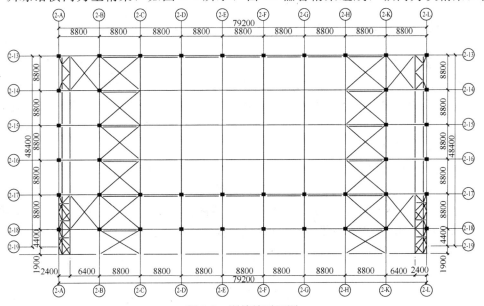

图 3-1 训练馆平面图

椭管桁架组成，主桁架与次桁架正交。其中主桁架有 6 榀为整体大跨度单片桁架，长度大约为 50.3m，两端支撑于混凝土柱顶；2 榀为单片边桁架，支撑于结构周边混凝土柱顶；北侧和南侧为 2 榀悬挑空间三维桁架。主桁架上弦最高点标高为 17.28m，上弦最低点标高 11.03m，两支座高差达到 6.25m，单榀桁架最重 8.85t。训练馆主桁架剖面图见图 3-2。

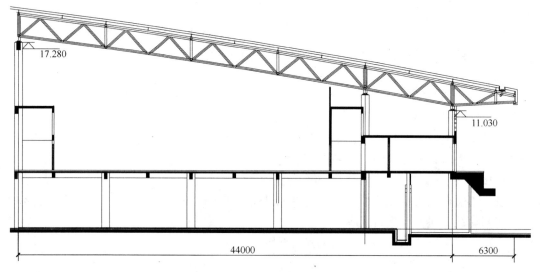

图 3-2 训练馆主桁架剖面

案 例 点 评

案例中对工程内容做了一个简单的介绍，再针对课题内容的大跨度不等高支座管桁架做了详细的介绍。介绍桁架的榀数、长度，以及管桁架不等的高度、高差多少，并附加桁架的剖面图。

3.2 QC 小组简介

3.2.1 编写内容

小组简介主要是以图表形式来编写。介绍小组注册日期及注册号、课题注册日期及注册号、小组成员的情况及担任 QC 小组活动的职务、经过 QC 培训时间、体现全员参与。

3.2.2 注意事项

QC 小组注册登记不是终身制的，一般每年都要进行一次中心登记，以便确认小组是否还存在，或者还有什么变化。QC 小组活动课题的注册登记在小组选定活动课题后、开展活动之前进行，不要与 QC 小组的注册登记相混淆，应该是不同的两个注册号。小组成员不受职务的限制，工人、技术人员可以当组员，管理者也可以当组员。

3.2.3 案例与点评

《提高大跨度不等高支座管桁架整体滑移就位施工质量》的 QC 小组概况

QC 小组概况 表 3-1

小组名称	×××QC 小组			QC 教育	人均 40 学时
成立时间	×年×月	活动时间	×年×月 ×年×月	QC 教育次数	共 20 次
课题类型	攻关型	小组人数	9 人	小组平均年龄	39
小组注册号	KX2010-QC04		课题注册号		KX2010-QC04
小组注册时间	×年×月×日		课题注册时间		×年×月×日
姓名	职务	年龄	职务	学历	职务	组内分工情况
×××	总工程师	44	高工	硕士	顾问	QC 活动顾问
××	项目经理	55	工程师	专科	组长	总体策划及管理
×××	技术主管	43	工程师	专科	组员	数据统计
×××	资料主管	26	助工	专科	组员	数据统计
××	商务主管	26	助工	专科	组员	信息收集
×××	安全主管	50	工程师	专科	组员	信息收集
×××	施工主管	33	工程师	专科	组员	技术分析
××	质量员	51	工程师	专科	组员	结果反馈
×××	统计员	27	助工	专科	组员	数据统计

制表人：×××　　　　　　　　　　　　　　　　制表日期：×年×月×日

案 例 点 评

本案例采用表 3-1 对 QC 小组的基本情况进行了介绍，分类恰当，内容完整，简洁明了，表述清晰。

改进建议：在小组概况中，应增加每个小组成员参加 QC 小组活动知识培训的课时，并且宜增加平均年龄等数据。

3.3 选择课题

3.3.1 编写内容

（1）选题理由。把上级的要求（或客观的标准）是什么，现场存在问题的程度，实际达到的要求怎么样，差距有多少，用数据表达出来。

（2）用数据直观说明存在问题的严重程度或者重要性、紧迫性，明确急需解决的问题。

3.3.2 注意事项

（1）要尽量体现数据化、图表化。

（2）选题理由必须要有针对性，不能简单笼统，泛泛而谈，无法说明选题的重要性和紧迫性。

3.3.3　案例与点评

《提高十字柱主角焊缝一次验收合格率》的选择课题

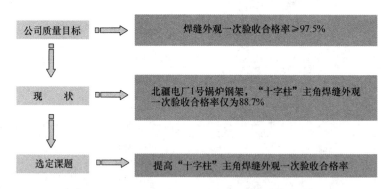

图 3-3　公司质量目标要求与现场质量现状的比较

案　例　点　评

本案例通过公司质量目标要求与现场质量现状的比较（图 3-3），直观反映出存在的差距，很有说服力。

3.3.4　本节统计工具运用

选题理由中可以运用调查表、排列图、简易图表、图片、直方图、控制图、水平对比等工具，其中调查表、排列图、简易图表、图片为特别有效工具。

3.4　设定目标及目标可行性分析

3.4.1　编写内容

1. 设定目标

所设定目标应是上级下达的，也可以是顾客要求的（如合同约定），还可以是验收标准、规范规定的。当小组选定的目标与上级下达的目标（含顾客要求，标准、规范规定）相一致时，也按照指令性目标程序进行。目标应进行量化。

2. 目标可行性分析

（1）进行现状调查，确定现状值与目标值的差距。

（2）分析造成差距的主要症结。从"5M1E"因素和时间方面分析，包括人员、机具、材料、方法、环境、测量、时间，还可以根据实际需要增加其他项目。

（3）依据现状调查的结果，在现状调查确定主要问题后，根据所要解决主要问题占的频率以及主要问题可以解决的百分率来计算可能达到的目标值，将可能达到的目标值与前面设定的目标值比较，以分析设定目标值的实现是否可行。

（4）在可行性分析时，要综合考虑多方面的因素，如人力、物力、财力、设备能力等方面的可行性，同时还要注意时间方面的条件，这些都会影响目标值的如期实现。

3.4.2 注意事项

（1）注意指令性目标与自选目标的区别。指令性目标在设定目标前不需要做现状调查，现状调查可以在目标的可行性分析中进行描述。

（2）目标设定不宜定的过多。一般课题的目标设定一个为宜，最多不要超过两个，以便使目标有针对性。

（3）收集的数据要有代表性、时间性。由于抽样的置信度与抽样的样本容量和代表性有直接关系，因此收集的数据不但要有足够的样本量而且要具有客观性，要注意避免只收集有利的数据，或者从收集的数据中只挑选有利的数据而忽略其他的数据。

收集数据的时间要有约束，调查的数据应是近期（一般是一年内）的，这样才能真实反映现状。因为情况是会随时间的变化而不断变化的，时间相隔长的数据往往就不能反映现状了。

（4）对取得的数据应进行分层分析。在进行数据分析时要注意：一是要从不同的角度进行整理、分析，二是不能将不同类别、不同层次的问题列入一个调查表或者排列图中，这样很难找出问题的症结。

（5）目标可行性分析依据要充分。可行性分析要求针对性强，不能只是空洞的口号、套话，要有令人信服的数据分析，可结合前面介绍的目标值计算方法进行分析。另外，还要综合考虑可能影响目标实现的多方面的因素。

（6）对于指令性目标，QC 小组必须千方百计地来改变现状，消灭与指令性目标要求的差距，实现所要求的目标值。如果当现状与指令性目标要求的目标差距达不到时，小组可以通过几次 PDCA 循环去实现。

3.4.3 案例与点评

《提高屋面防水卷材一次施工合格率》的设定目标及可行性分析

设定目标：因为是指定性课题，小组把活动目标值设定为将屋面防水卷材一次施工合格率提高到 94%（图 3-4）。

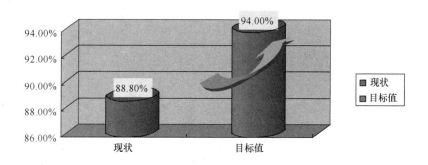

图 3-4 屋面防水卷材一次施工合格率目标图

制图人：×××　　审核人：×××　　制图日期：×年×月×日

可行性分析：

1. 调查分析

QC 小组对我项目部×年施工的××项目屋面防水卷材一次施工合格率进行调查统

计，见表3-2。

项目部 2011 年×××项目屋面防水卷材一次施工合格率统计表　　表 3-2

	统计项目	1号芯片厂房	2号芯片厂房	3号芯片厂房	1号外延厂房	2号外延厂房	动力站	锅炉房	氢气站	变电站	总数
屋面防水卷材	施工面积	13000	13000	13500	12700	12700	1900	900	3200	1150	59350
	抽检点数（个）	195	195	200	177	177	49	29	62	30	1114
	一次不合格数（个）	25	22	21	20	17	6	4	7	3	125
	一次合格数（个）	170	173	179	157	160	43	25	55	27	989
	一次合格率（%）	87.2	88.7	89.5	88.7	90.4	87.8	86.2	88.7	90	88.8
	不合格率（%）	12.8	11.3	10.5	11.3	9.6	12.2	13.8	11.3	10	11.2

制表人：×××　　　　　　审核人：×××　　　　　　制表日期：×年×月×日

根据上图对屋面防水卷材一次不合格数进行统计分类，见表3-3。

屋面防水卷材一次施工不合格点分类统计表　　表 3-3

序号	项目名称	不合格点	不合格率（%）
1	屋面渗漏	52	41.6
2	卷材粘结不牢	41	32.8
3	卷材起鼓	13	10.4
4	防水层破损	11	8.8
5	屋面流淌	4	3.2
6	屋面积水	4	3.2
	合计	125	

制表人：×××　　　　　　审核人：×××　　　　　　制表日期：×年×月×日

根据分类统计表，统计屋面防水卷材一次施工不合格点频数，见表3-4。

屋面防水卷材一次施工不合格点频数表　　表 3-4

序号	项目名称		频数（个）	累计频率	频率累计（%）
1	屋面渗漏		52	52	41.6
2	卷材粘结不牢		41	93	74.4
3	卷材起鼓		13	106	84.8
4	防水层破损		11	117	93.6
5	其他	屋面流淌	4	125	100
		屋面积水	4		
	合计		$N=125$		

制表人：×××　　　　　　审核人：×××　　　　　　制表日期：×年×月×日

根据频数表做出排列图，见图3-5。

小组成员通过调查、统计、分析，从排列图中可得出"屋面渗漏"和"卷材粘结不牢"占屋面防水卷材一次施工合格率的74.4%，是影响屋面防水卷材质量的主要问题。

2. 目标可行性分析

经过以上分析，小组认为由于屋面防水卷材一次施工不合格的主要症结占不合格数的

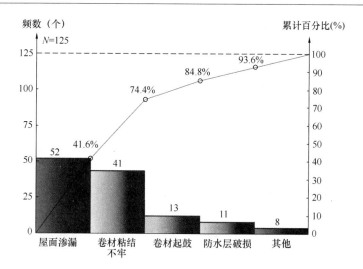

图 3-5　屋面防水卷材一次施工不合格问题排列图

制图人：×××　审核人：××　制图日期：×年×月×日

74.4％，如完全解决可以将成功率提高到 1－（1－88.8％）×（1－74.4％）＝97.13％。

分析项目部屋面防水卷材一次施工的成功经验，大家一致认为：通过改进，以小组目前的技术实力至少可以解决主要问题的 90％，也就是 1－（1－88.8％）×（1－74.4％×90％）＝96.3％。

3. 项目部水平及历史最高水平

小组调查了项目部历史最好水平，如表 3-5 所示。

项目部屋面防水卷材一次施工合格率历史最好水平调查表　　　　表 3-5

序号	项目名称	抽检点数（个）	一次施工合格数（个）	合格率（％）	最高水平（％）
1	目前水平	1114	989	88.8	90.4
2	历史最好水平				94.8

制表人：×××　　　　　　　　审核人：×××　　　　　　　　制表日期：×年×月×日

结论：小组从多方面认真分析论证，最后得出：设定的屋面防水卷材一次施工合格率提高到 94％是能够实现的。

案　例　点　评

小组按照指令性目标的程序，先设定目标，再进行目标可行性分析，用数据说话，找出了问题的症结所在。在设定目标时，通过柱状图一目了然地看出现状值与目标值的差距。在进行目标可行性分析前，先做现状调查，根据现状调查取得的数据，运用排列图找出问题的症结所在。通过数据计算分析目标的可行性，很有说服力。最后通过对项目部水平及历史最高水平的数据对比分析，进一步论证了目标的可行性。

3.4.4　本节统计工具运用

可运用的统计工具有：直方图、控制图、散布图、亲和图、水平对比、流程图，其中头脑风暴法、分层法、调查表、排列图、简易图表、图片等统计工具特别有效。本节介绍分层法的应用。

某装配厂的气缸盖之间经常发生漏油，经抽查 60 件产品后发现，一是由于 3 个操作者的操作方法不同，二是所使用的气缸垫分由两个厂家提供，在用分层法分析漏油原因时分别采用如下表格。

（1）按操作者分层，具体见表 3-6

按操作者分层调查表　　　　　　　　　　表 3-6

操作者	漏油	不漏油	漏油率（％）
王师傅	7	13	35
李师傅	9	11	45
张师傅	4	16	20
共计	20	40	33

制表人：×××　　　　　　　　　　　　　　制表日期：×年×月×日

（2）按制造厂家分层，具体见表 3-7。

按制造厂家分层调查表　　　　　　　　　　表 3-7

供应商	漏油	不漏油	漏油率（％）
A公司	11	19	37
B公司	9	21	30
共计	20	40	33

制表人：×××　　　　　　　　　　　　　　制表日期：×年×月×日

（3）按两种因素交叉分层，具体见表 3-8。

按两种因素交叉分层调查表　　　　　　　　　　表 3-8

操作者		漏油情况	气缸垫		合计
			A公司	B公司	
操作者	王师傅	漏油	7	0	7
		不漏油	3	10	13
	李师傅	漏油	4	5	9
		不漏油	6	5	11
	张师傅	漏油	0	4	4
		不漏油	10	6	16
合计		漏油	11	9	20
		不漏油	19	21	40
共计			30	30	60

制表人：×××　　　　　　　　　　　　　　制表日期：×年×月×日

抽查三个操作者每人用 A 公司和 B 公司的气缸垫各 10 个组装气缸盖，总计是 60 个气缸盖。

从表 3-5 可以看出：三个操作者中，张师傅的技术水平最高，漏油率为 20％；其次为王师傅，漏油率为 35％；最差是李师傅，漏油率为 45％。

从表 3-6 可以看出：B 公司气缸垫质量稍好于 A 公司，使用 B 公司气缸垫组装的气缸盖，漏油率为 30%，而使用 A 公司气缸垫组装的气缸盖，漏油率为 37%，两公司的气缸垫质量有区别但相差不大。

从表 3-7 可以同时看出前 2 个表格反映出的结果。另外，通过对从表 3-7 的进一步分析还可以看出：使用 A 公司的气缸垫时应当采用张师傅的工艺方法，使用 B 公司的气缸垫时应当采用王师傅的工艺方法，两者的合格率都达到了 100%。

3.5　原因分析

3.5.1　编写内容

（1）收集原因。一般采用头脑风暴法、调查表法等从各个方面、各个角度把影响主要问题的原因都找出来，通常按"5M1E"六大因素（人、机、料、法、环、测）去寻找原因。

（2）原因归类。将收集到的各种原因进行归类，通常也是按"5M1E"六大因素进行归类，但也可以通过其他角度（例如质量方面、技术方面）进行归类。

（3）原因分层分析。将经过归类的原因，运用因果图、系统图（树图）和关联图等工具，逐层递进，一层一层分析下去，分析要彻底，也就是要分析到可直接采取措施，能有效解决存在的问题为止。

3.5.2　注意事项

（1）要针对确定的主要问题分析原因。指令性目标 QC 小组活动在进行目标可行性分析时已经找到了问题症结所在，分析原因必须针对确定的主要问题进行。常见的错误有两种：一是没有针对目标可行性分析时找到的主要问题去分析，而是回到课题去分析，这样就犯了逻辑性错误；二是分析的问题是在目标可行性分析时所没有调查的问题。

（2）分析原因要全面。分析原因要展示问题的全貌，从各种角度把有影响的原因找出来，尽量避免遗漏。

（3）分析原因要彻底。分析原因应分析到可以直接采取措施为止，即分析到末端因素，可以直接针对它制定对策。例如在分析受"人"的因素影响产生问题的原因时，只分析到"责任心差"就不分析了，而造成"责任心差"的原因可能和"制度不健全"、"责任未落实"等有关。针对"制度不健全"、"责任未落实"是可以制定对策措施的，而针对"责任心差"是无法采取措施的。一般分析原因应展开到第三层，但也不要超过第四层。具体分析到几层，必须结合实际情况而定。

（4）正确、恰当使用统计工具。原因分析常用的工具有因果图、系统图、关联图等。因果图是针对单一问题进行原因分析，所分析的原因之间没有交叉影响关系；系统图也是针对单一问题进行原因分析，所分析的原因之间也没有交叉影响关系；关联图既可针对单一问题进行原因分析，又可以对两个以上问题一起进行原因分析，对单一问题进行原因分析时，所分析的原因之间有交叉影响关系，对两个以上问题进行原因分析时，所分析的部分原因把两个以上的问题交叉缠绕影响。要根据上述工具的特点、兼顾简明实用的原则，正确选用工具。

3.5.3 案例与点评

《提高镀锌钢板风管制作合格率》的原因分析

QC 小组成员利用头脑风暴法，充分发挥集体力量，开阔思路，对影响镀锌钢板风管制作质量的主要问题"风管外径尺寸偏差大、表面平整度差"进行了重点分析、讨论，绘制出影响质量问题的关联图（图 3-6）。

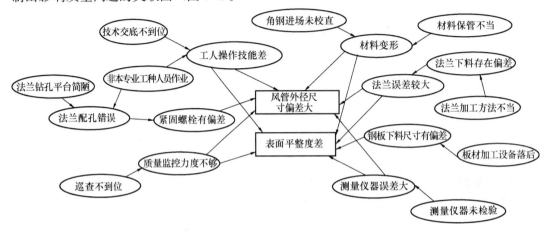

图 3-6 "风管外径尺寸偏差大、表面平整度差"原因分析关联图
制图人：×××　　制图时间：×年×月×日

由以上关联图分析可知，影响镀锌钢板风管制作质量的末端因素有 9 个，即：交底书不详细；非本专业工种工人作业；质检人员巡查不到位；风管无专项保管制度；法兰加工方法不当；材料进场未校直；板材加工设备落后；法兰钻孔平台简陋；游标卡尺、水平尺未检验。

案 例 点 评

本案例利用头脑风暴法，对影响镀锌钢板风管制作质量的主要问题"风管外径尺寸偏差大、表面平整度差"进行了重点分析、讨论，绘制出影响质量的因素关联图，得出了影响质量问题的 9 个末端因素。原因分析至 2～3 层，比较透彻，可以直接采取对策；关联图绘制规范，问题和因素分别用"矩形框"和"椭圆框"框起，因果关系正确，标注齐全。

改进建议：部分原因分析不彻底，如将"材料保管不当"作为末端因素不妥，不能据此直接采取对策措施，可以再进一步分析下去。

3.5.4 本节统计工具运用

本节可运用因果图、系统图、关联图、头脑风暴法、简易图表、图片特别有效，使用流程图也有效。

1. 因果图应用举例

图 3-7 是某 QC 小组在分析大体积混凝土表面裂缝时画的因果图。

2. 系统图应用举例

图 3-8 是某 QC 小组在分析钢筋笼整体吊装不合格时画的侧向型系统图。

58

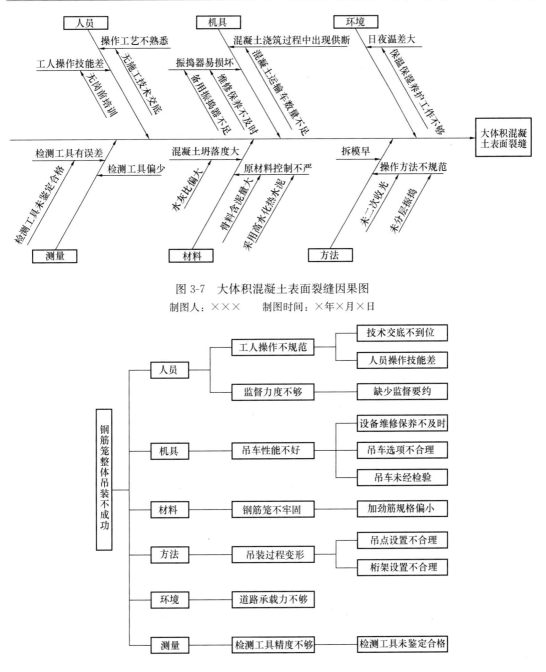

图 3-7 大体积混凝土表面裂缝因果图

制图人：×××　　制图时间：×年×月×日

图 3-8 钢筋笼整体吊装不合格系统图

制图人：×××　　制图时间：×年×月×日

3.6 确定主要原因

3.6.1 编写内容

通过原因分析，找出的原因可能有好多条，其中有的确实是影响问题的主要原因，有的则不是。确定主要原因就是对诸多的原因进行鉴别，将对问题影响不大的原因排除掉，把确实影响问题的主要原因找出来，以便为制定有针对性的对策提供依据。

主要原因确定的流程示意图，如图 3-9 所示。

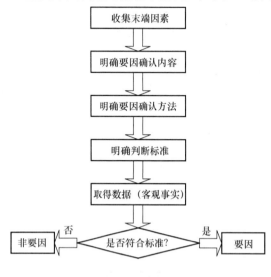

图 3-9 主要原因确定流程示意图

1. 制定要因确认计划表

要因确认前，先制定要因确认计划表，并根据检查情况进行要因确认，常用的要因确认计划表如表 3-9 所示。

要因确认计划表应完成的主要工作如下：

（1）收集末端因素，剔除不可控制的因素。对利用因果图、系统图、关联图等找出的末端因素进行分析，看看是否有不可控制的因素。所谓不可控制的因素，是指小组乃至企业都无法采取对策加以解决的因素，如外供电"拉闸停电"就属于不可抗拒的因素，应该将其剔除。

（2）逐条明确要因确认内容。对保留的末端因素逐条明确要因确认内容，如对末端因素"无自检复检制度"的确认内容可以是"查验有无施工自检复检记录"，对末端因素"未进行专项培训"的确认内容可以是"进行实际操作考核"。

要因确认计划表　　　　　　　　　　　　　表 3-9

编号	末端因素	确认内容	确认方法	标准	责任人	时间
1						
2						
……	……	……	……	……	……	……

（3）逐条明确要因确认方法。针对每一条末端因素的具体情况选择要因确认方法，常用的方法有：

1）现场验证。现场验证就是到现场通过试验、调查，取得数据来证明其是否是主要原因。如对产品的工艺参数用散布图、工艺试验、正交试验、优选法、假设检验等方法进行试验验证，对服务行业用不同服务方式进行服务效果的试验验证等。

2）现场测试、测量。现场测试、测量就是到现场通过测试、测量取得数据与标准进行比较，以其符合程度来证明其是否是主要原因。这对机器、材料、环境类因素的确认往往是很有效。

3）现场调查、分析。可深入基层和生产现场，向第一线的操作人员、工程技术人员和管理人员进行调查、分析，取得资料和数据。例如，对于"人"方面的因素，往往不能用试验、测试或测量的方法来取得数据，则可用调查表到现场进行观察、分析取得数据来验证。

（4）逐条明确判别标准。判定某个末端因素是否是要因要有个标准，符合这个标准一般要用数据来表示。如末端因素"无自检复检制度"的判别标准是"有且 100% 实验"，末端因素"测量仪器定位偏差大"的判别标准是"偏差±2mm"等。

2. 逐条确定末端因素

对保留的末端因素,围绕确认内容,选择恰当的确认方法,依据判别标准逐条进行确认,以找出真正影响问题的主要原因。所谓确认就是找到影响问题的证据,这些证据是以客观事实为依据,用数字说话。数据表明该因素对问题有重要影响,就"承认"它是主要原因,如数据表明该因素对问题无重要影响,就"否认"它是主要原因,并予以排除。对个别因素,一次调查得到的数据尚不能充分判定时,就要再调查、再确认,直到掌握了充分的证据为止。

要因确认成果报告应表述的内容一般包括:验证的时间、地点、对象,抽取的样本量及其方法,取得的数据(或事实),分析数据采用的方法及验证的结果;对每个末端因素确定其是否是要因的内容;结论即最后确定的要因是哪些末端原因。

要因确认可以用文字方式逐条确认,也可以利用要因确认表的形式确认,常用的要因确认表如表 3-10 所示。

要因确认表　　　　　　　　　　　　　　　　　表 3-10

编号	末端因素	确认方法	确认情况	负责人	确认时间	是否要因
1						
2						
3	……	……	……	……	……	……

3.6.2 注意事项

(1) 确认方法要恰当。确认要因不宜采取讨论研究的方式,确认要因时小组成员必须亲自到现场去观察、试验、测试(测量)、调查,取得数据后依据判别标准来确认。

(2) 确认要因要以事实为依据,所有的依据应充分反映现状,以数据说话。

(3) 原因验证要全面,但也不要节外生枝。要对全部末端因素逐个确认,不可以采取任意筛选的办法,确认一部分,丢弃一部分,这样容易导致要因确认产生错误。

(4) 确认过程要充分。要因确定过程要深入分析,充分确认,用客观数据来判定。

3.6.3 案例与点评

《攻克复杂仿古木构件施工难点》的要因确认

通过因果关联图分析看来,共得出 10 条末端因素,首先我们制定了要因确认计划表(表 3-11)。

要因确认计划表　　　　　　　　　　　　　　　　表 3-11

编号	末端因素	确认内容	确认方法	标准	负责人	完成时间
1	培训学习不到位	是否组织班组进行培训、学习,并进行考试	考试测验	考试及格率达95%以上	×××	×年×月×日～×年×月×日
2	成品保护不善	是否落实成品保护措施	现场验证	成品构件完整率100%	×××	×年×月×日～×年×月×日
3	吊车操作不熟练	核查吊车司机上岗证,业务水平是否满足吊装要求	现场验证	持证上岗考核率100%	×××	×年×月×日～×年×月×日

续表

编号	末端因素	确认内容	确认方法	标准	负责人	完成时间
4	吊装顺序不正确	是否按照项目部制定的吊装顺序吊装	现场验证	执行率100%	×××	×年×月×日～×年×月×日
5	仪器误差大	对施工所用经纬仪、水准仪、进行精度校对,是否满足施工要求	现场测量	水准仪 2mm 经纬仪 2s	×××	×年×月×日～×年×月×日
6	木材自身缺陷	是否影响木构件成型尺寸	现场验证	死节面积不得大于截面积的5%	×××	×年×月×日～×年×月×日
7	技术交底不到位	技术交底是否落实到每一个施工人员	现场验证	交底落实率达95%以上	×××	×年×月×日～×年×月×日
8	风力过大	是否影响吊装精确度	现场验证	搭设防护棚有效率100%	×××	×年×月×日～×年×月×日
9	检查不到位	是否影响木构件制作、安装精确度	现场验证	木构件制作、安装准确率达95%以上	×××	×年×月×日～×年×月×日
10	下料误差大	是否影响木构件制作、安装精确度	现场验证	大木构件截面尺寸偏差在±3mm以内	×××	×年×月×日～×年×月×日

制表人：×××　　　　　　　审核人：××　　　　　　　制表日期：×年×月×日

为找出主要原因,我们对 10 条末端因素逐一进行了展开分析,确认如下。

(1) 确认一：培训学习不到位,见表 3-12。

培训学习因素的展开分析　　　　　　　　　　　　　　表 3-12

确认方法	确认内容	确认标准	确认人	确认时间
考试测验	是否组织古建专业知识培训学习并进行考试	考试检查及格率达到95%以上	×××	×年×月×日

调查分析情况：

　　通过现场检查验证得知,操作人员未经学习,凭借经验施工,导致木构件下制作、安装错误频频出现。经过古建知识学习培训后,及格率在95%以上,木构件施工质量得到保障

结论：确认为要因

(2) 确认二：成品保护不善,见表 3-13。

成品保护不善因素的展开分析　　　　　　　　　　　表 3-13

确认方法	确认内容	确认标准	确认人	确认时间
现场验证	是否落实成品保护措施	成品木构件完整率100%	×××	×年×月×日

调查分析情况：

　　通过检查发现,操作人员成品保护相关知识薄弱,措施落实不到位,施工中对木构件损伤较严重

结论：确认为要因

（3）确认三：吊车司机操作不熟练，见表3-14。

吊车操作不熟练因素的展开分析　　　　　表 3-14

确认方法	确认内容	确认标准	确认人	确认时间
现场验证	吊车司机是否持证上岗，业务水平是否满足吊装要求	持证上岗考核100%合格	×××	×年×月×日

调查分析情况：

通过调查分析得知，吊车司机持证上岗，且按照规范及成品保护的相关要求进行吊装作业，确保了成品木构件完好无损

结论：确认为非要因

（4）确认四：吊装顺序不正确，见表3-15。

吊装顺序不正确因素的展开分析　　　　　表 3-15

确认方法	确认内容	确认标准	确认人	确认时间
现场验证	吊装是否按照项目部制定的顺序执行	要求执行率达100%	×××	×年×月×日

调查分析情况：

通过调查分析得知，木构件随意吊装造成的自身损伤及安装位置不准确的概率相当高。而按照项目部要求的正确、合理的顺序实施吊装，吊装过程清晰，效率大大提高

结论：确认为非要因

（5）确认五：仪器误差大，见表3-16。

仪器误差大因素的展开分析　　　　　表 3-16

确认方法	确认内容	确认标准	确认人	确认时间
现场测量	检测仪器是否精确	水准仪2mm 经纬仪2s	×××	×年×月×日

调查分析情况：

在施工过程中，发现木构件位置偏差较大，经实际测量发现是仪器陈旧导致测量精度下降。项目部将仪器重新校正，水准仪精度为2mm，经纬仪为2s。校正完成后，重新定位放线，调整位置错误的构件

结论：确认为非要因

（6）确认六：材料缺自身缺陷，见表3-17。

材料自身缺陷因素的展开分析　　　　　表 3-17

确认方法	确认内容	确认标准	确认人	确认时间
现场验证	木料自身缺陷是否影响成品木构件的尺寸	死节面积不得大于截面积的5%	×××	×年×月×日

调查分析情况：

在施工过程中发现，自身存在缺陷的木料也用于制作成品木构件。经项目部研究决定自身缺陷的木料必须经项目部统一管理下料，最大限度的利用。实施效果良好，成品构件中不存在损伤现象

死节面积	实测值（m²）									
实测值	0.1	0.08	0.11	0.1	0.09	0.02	0.1	0.06	0.11	0.1

结论：确认为非要因

（7）确认七：技术交底不到位，见表 3-18。

技术交底不到位因素的展开分析　　　　表 3-18

确认方法	确认内容	确认标准	确认人	确认时间
现场验证	技术交底是否落实到每一个施工人员	落实率达到 95% 以上	×××	×年×月×日

调查分析情况：

　　在施工过程中发现，操作人员不按交底、凭借经验施工现象严重，造成错误、返工现象严重。项目部发现后在每道工序施工前针对每一个操作人员进行交底，经实际效果验证，落实率达 95% 以上，确保了工程质量

结论：确认为非要因

（8）确认八：风力过大，见表 3-19。

风力过大因素的展开分析　　　　表 3-19

确认方法	确认内容	确认标准	确认人	确认时间
现场验证	风力过大是否影响吊装的准确性	搭设防护棚有效率 100%	×××	×年×月×日

调查分析情况：

　　经现场验证因风力过大，影响木构件位置安装的准确度，因此搭设挡风防护栏杆，外挂密目网以减小风力的影响。提高了安装位置的准确率，减小了施工难度

结论：确认为非要因

（9）确认九：检查不到位，见表 3-20。

检查不到位因素的展开分析　　　　表 3-20

确认方法	确认内容	确认标准	确认人	确认时间
现场验证	检查不到位是否影响木构件制作安装的准确度	木构件制作、安装准确率达 95% 以上	×××	×年×月×日

调查分析情况：

　　古建筑结构复杂，木构件种类繁多，检查难度大，木构件制作、安装的准确率难以控制。项目部要求管理人员每日上午、下午上下班进行跟踪对照检查，共计 4 次。而管理人员责任心不强，实际检查仅有 2 次

结论：确认为要因

（10）确认十：下料误差大，见表 3-21。

依据要因确认过程，确认出 4 个主要原因：

（1）培训学习不到位；

（2）成品保护不善；

（3）检查不到位；

（4）下料误差大。

下料误差大因素的展开分析 表 3-21

确认方法	确认内容	确认标准	确认人	确认时间
现场验证	下料误差是否影响木构件制作、安装的准确度	大木构件截面尺寸偏差在±3mm以内	×××	×年×月×日

调查分析情况：

下料工程量大，容易疏忽，计算繁琐，影响木构件制作、安装准确度。通过对现场手工下料情况进行检查，合格率仅为70%

截面尺寸	实测值（mm）									
偏差值	4	—4	3	—2	—5	3	—1	—2	3	1

结论：确认为要因

案 例 点 评

本案例针对 10 条末端因素，小组首先制定了要因确认计划表，然后根据要因确认计划表逐条对末端因素进行确认，得出了 4 个主要原因。要因确认计划表明确了确认内容、确认方法、标准、责任人、完成时间。确认内容具体，确认方法多样，确认标准有具体数据，负责人涉及小组成员的面广，完成时间具体。确认过程以客观事实为依据，用数字说话，很有说服力。

改进建议：在确认过程中对数据的分析应采用图表的形式，更有说服力。

3.6.4 本节统计工具运用

本节采用分层法、头脑风暴法、简易图表、图片等统计工具特别有效；采用调查表、直方图、控制图、散布图、流程图也有效；而矩阵数据分析法有时也采用。

3.7 制定对策

3.7.1 编写内容

（1）对策的提出和确认。主要原因确认后应分别针对每条主要原因制定对策，在制定对策表前，最好能阐述如何提出对策、分析和确认对策，不要一步到位，直接画对策表。要针对要因，多角度提出对策，并从有效性、可行性、经济性、时间性等方面进行综合分析论证。

（2）制定对策表。对策应按照"5W1H"要求的原则制定，常用的对策表格式如表 3-22 所示，其中"5W1H"是不可缺的内容。

对策表 表 3-22

序号	主要原因（项目）	对策（What）	目标（Why）	措施（How）	地点（Where）	时间（When）	负责人（Who）
1							
2							
……							

3.7.2 注意事项

（1）制定对策表前，最好能阐述如何提出对策、分析和确认对策，不要一步到位，直接画对策表。

（2）对策表栏目应完整，特别是"5W1H"不可缺少。

（3）对策表栏目的逻辑关系要正确。对策表中的"主要原因"、"对策"、"目标"和"措施"之间有逻辑关系，它们的位置不能改变。

（4）要因要正确。对策表中的"要因"项目要与"确定主要原因"阶段确定的主要原因对应，不能减少，也不能增加。

（5）不能混淆"对策"与"措施"。"对策"与"措施"是两个不同的概念，不能缺少其中的一个而互相替代，也不能将它们合并在一个栏目中。"对策"是针对要因而提出的改进要求，而"措施"则是"对策"的具体展开，回答了怎样按照对策的要求具体实施。

（6）目标应具体，尽可能量化。目标要具体、量化，便于对每条实施的结果进行比较，以说明该条实施达到的程度。如果目标值不能量化，要制定出可以检查的目标，或者通过间接定量方式设定。

（7）措施不能笼统。"措施"项目应有可操作性，体现对策方案的措施步骤。如果对策中的措施比较笼统，没有具体的步骤，不利于实施。

（8）措施的负责人要体现全员性。尽量将对策的具体措施，分解落实到具体的负责人，明确工作需要。不提倡少部分人有事做，其他人没有任务。

3.7.3 案例与点评

《提高虹吸排水系统安装初验合格率》的制定对策

1. 方案选择与分析

根据确认结果，小组成员对"底盘安装不平、水平管倒坡、成品保护不足"这 3 个主要原因召开对策方案分析会，通过比选，最终整理、归纳成系统图和分析表如下。

（1）底盘安装不平，方案分析与对策系统见图 3-10 及表 3-23。

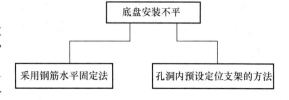

图 3-10　"底盘安装不平"对策系统图
制图人：×××　　制图日期：×年×月×日

底盘安装不平方案选择与分析表　　　　　　　　表 3-23

序号	方案名称	方案分析	特点	结论
1	采用钢筋水平固定法	方案： （1）合理使用施工检测工具 （2）用钢筋固定，避免松动 （3）检查水平 成本分析： （1）消耗钢筋 310 元 （2）人工费 2800 元	优点： （1）施工简单、安装方便 （2）节省材料 （3）在检查过程中能有效配合土建的防水处理 缺点： （1）在安装完后容易再次松动 （2）在固定后需频繁巡查	成本费用低，安装方便，可以采用

序号	方案名称	方案分析	特点	结论
2	孔洞内预设定位支架的方法	方案： （1）在预留孔洞内安装定位支架 （2）把雨水斗固定在定位支架上 成本分析： （1）消耗角铁支架 1500 元 （2）氧气 100 元；乙炔 180 元 （3）人工费 3500 元	优点： （1）安装时容易调整雨水斗水平度 （2）安装完后的雨水斗不会产生松动 缺点： （1）工作量大，施工难度大 （2）成本费用高	成本费用高，施工难度大，不宜采用

制表人：×××　　　　　　　　　　　　　　　　　　制表时间：×年×月×日

通过上述对策分析，"采用钢筋水平固定法"在解决底盘安装不平的问题上更占优势。为此我们将此方案定为可行的对策方案。

（2）水平管倒坡，方案分析与对策系统见图 3-11 及表 3-24。

水平管倒坡方案选择与分析表　　　　　　　　　表 3-24

序号	方案名称	方案分析	特点	结论
1	分段安装法	方案： （1）管道支架制作完成后按水平坡度前后通线定位安装 （2）每段管道安装时与通线保持平衡，确保坡度 （3）每段管道完成时及时复核坡度 成本分析： （1）消耗角铁支架 2500 元 （2）人工费 4700 元	优点： （1）管道的水平度能得到有效保证 （2）施工难度低，安装方便 （3）同一部位投入的施工人员数量少 缺点： （1）施工耗时稍长 （2）活动连接较多	不受场地限制，安装方便，可以采用
2	整体预制安装法	方案： （1）管道支架半成品状态按水平坡度前后通线定位安装 （2）同一直线的水平管道预制连接后，整体吊装 （3）管道在调整好坡度后，将半成品支架连接固定 成本分析： （1）消耗角铁支架 2500 元 （2）人工费 5600 元	优点： （1）活动的接口少，管道连接的质量好 （2）高空作业时间减少 缺点： （1）预制时管道上的管件设置的尺寸精度要求高 （2）管道安装时施工人员投入多 （3）要求较大的施工场地	成本费用高，安装精度高，不宜采用

制表人：×××　　　　　　　　　　　　　　　　　　制表时间：×年×月×日

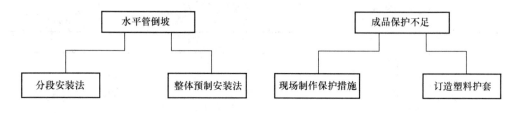

图 3-11 "水平管倒坡"对策系统图　　　　图 3-12 "成品保护不足"对策系统图
制图人：×××　　制图日期：×年×月×日　　　制图人：×××　　制图日期：×年×月×日

通过上述对策分析，"分段安装法"在解决水平管倒坡的问题上更占优势。为此我们将此方案定位可行的对策方案。

（3）成品保护不足，方案分析与对策系统见图 3-12 及表 3-25。

成品保护不足方案选择与分析表　　　　　　　　　　　　　　　表 3-25

序号	方案名称	方案分析	特点	结论
1	现场制作保护措施	方案： （1）安装雨水斗底盘后，贴遮蔽膜 （2）用套管套住螺栓 （3）塑料包装纸塞住管口 （4）木板加以保护，并标示出来 成本分析： （1）消耗材料费 500 元 （2）人工费 2700 元	优点： （1）用套管套住螺栓能有效保护螺栓 （2）施工难度低，成本费用低 （3）同一部位投入的施工人员数量少 缺点： （1）施工耗时稍长 （2）安装雨水斗其他部件，脱出保护较繁琐	成本费用低，施工难度低，可以采用
2	订造塑料护套	方案： （1）对所有雨水斗大小进行测量 （2）根据大小加工塑料护套 成本分析： 购买塑料护套 5800 元	优点： （1）订造塑料护套对成品保护效果明显 （2）安装方便快捷 缺点： 成本费用高	成本费用高，不宜采用

制表人：×××　　　　　　　　　　　　　　　　制表时间：×年×月×日

通过上述对策分析，"现场制作保护措施"在解决成品保护不足的问题上更占优势。为此我们将此方案定位可行的对策方案。

2. 对策表

针对方案选择与分析结果，小组成员采用 5W1H 方法制定对策表（表 3-26）。

对策表　　　　　　　　　　　　　　　　　　　　　　　　　　表 3-26

序号	要因	对策	目标	措施	负责人	实施时段	地点
1	底盘安装不平	采用钢筋水平固定法	水平尺气泡在±1刻度内	（1）检查预留孔洞的尺寸 （2）采用十字法测量底盘水平度 （3）焊接固定底盘 （4）检查	××、××、×××	×年×月×日～×年×月×日	施工现场×部位

序号	要因	对策	目标	措施	负责人	实施时段	地点
2	水平管倒坡	分段安装法	水平管坡度≥0°	(1) 确定吊杆间距 (2) 悬吊方形导管系统定位、安装 (3) 管道、管件安装 (4) 检查	××、 ××、 ×××	×年×月×日～ ×年×月×日	施工现场×部位
3	成品保护不足	现场制作保护措施	成品保护率100%	(1) 施工准备 (2) 材料加工 (3) 成品保护 (4) 检查	××、 ××、 ×××	×年×月×日～ ×年×月×日	施工现场×部位

制表人：×××   制表时间：×年×月×日

案 例 点 评

本案例针对 3 个要因，能够多角度提出对策，从有效性、可行性、经济性、时间性等方面进行综合分析论证；对策表 5W1H 栏目齐全，目标量化，措施有具体的步骤，小组中负责对策实施的成员面广。"制定对策"程序完整，工具运用恰当，注重以事实为依据，用数据说话。

3.7.4　本节统计工具运用

本节采用 PDPC 法、头脑风暴法、正交试验设计法、图片等统计工具特别有效。采用调查表、分层法、直方图、控制图、散布图、网络图、流程图、简易图表、过程能力也有效，而矩阵图有时也采用。

3.8　对策实施

3.8.1　编写内容

（1）按照对策表中所制定的措施实施，逐条展开，实施过程的数据要及时收集整理，并做好记录，记录的内容包括实施时间、实施地点、实施人员、实施具体步骤，实施费用等。

（2）每个对策实施完成后要进行阶段性检查验证，注意加强图片、图像的收集，以及统计方法与工具的运用。

3.8.2　注意事项

（1）每条对策的实施，要按照对策表中的"措施"栏逐条实施，前后呼应，以显示其针对性和逻辑性。

（2）要注意每条对策的实施地点、时间、负责人与"对策表"中的措施一一对应。

（3）实施过程的描述，既要有文字的描述，又要辅以数据和图表，体现图文并茂，切忌通篇文字，流水账形式，在这一阶段要注意加强统计工具的运用。

（4）每条对策实施完成后要立即检查结果。结果与目标相对照，对照的结果要有结论。达到目标表示对策实施有效，问题得到解决，达不到目标表示措施不得力，需重新检查每条措施是否已彻底实施，必要时修正措施的内容。

（5）每条对策实施后，除验证该条对策的目标是否实现外，还需对是否影响安全及环境、是否影响相关部位的质量等方面进行检查。

3.8.3 案例与点评

《提高大体积混凝土施工质量》的对策实施

某项目为了提高大体积混凝土观感质量，根据要因制定对策实施：加强施工方法过程控制，提高大面积混凝土表面平整度。

（1）混凝土浇筑前，由专职测量员×××在柱子的角筋上设置＋0.500m 标高控制点，用电工胶带缠绕进行标记，其次，在模板的四周或底板上固定一些水平控制点进行标记，水平控制点的设置要可靠牢固，不容易被破坏。在混凝土浇筑时，由混凝土工班组长通过＋0.500 标高控制点拉细线进行控制；并且项目部施工员×××与测量员×××在浇筑过程中全程跟踪与校验保证混凝土表面平整度。

（2）采用机械抹光，打磨时，用浮动圆盘的重型抹面机在混凝土面上粗抹一、二遍进行提浆、搓毛、压实，待到提浆完成，表面砂浆有一定硬度的时候，开始用叶片高速打磨，直至表面收光。收光时从一端向另一端依次进行，不得遗漏，严格按照混凝土浇筑顺序进行抹平、压光，边角及局部机械抹不到的地方由人工随机械搓毛、压光。板块表面有凹坑或石子露出

图 3-13　机械抹光

表面，要及时铲毛、剔除补浆修整，模板边缘采取人工配合收边抹光。抹面压光时随时控制好平整度，采用 2m 靠尺检查。直接用压光机开始进行机械抹光，抹光机重复上述操作 5 遍以上，直至混凝土表面完全终凝为止，如图 3-13 所示。

（3）大面积混凝土浇筑收光先采用机械收光，经小组分析讨论在施工过程可能会出现抹光机械故障而影响施工正常进行，针对此情况小组在施工开始前，绘制了"过程决策程序图"指导上述情况发生后的应急措施，如图 3-14 所示。

该"过程决策程序图"设定了应急措施四条路线：第一条路线：A0→A1→A2→A3→A4→Z；第二条路线：A0→A1→B1→B2→A3→A4→Z；第三条路线：A0→A1→B1→C1→D2→D3→Z；第四条路线：A0→D1→D2→D3→Z；遇到上述情况可从容应对。

阶段性效果检查，见表 3-27。

表面平整度现场效果检查表　　　　　　　　　　　表 3-27

检测位置	检测个数	不合格个数	不合格率（%）
1 区（1-8 轴交 A-N 轴）	100	2	2
2 区（9-15 轴交 A-N 轴）	100	1	1
3 区（16-24 轴交 A-N 轴）	100	1	1
3 区（25-31 轴交 A-N 轴）	100	2	2

制表人：×××　　　　　　　　　　　　　　　　　　制表日期：×年×月×日

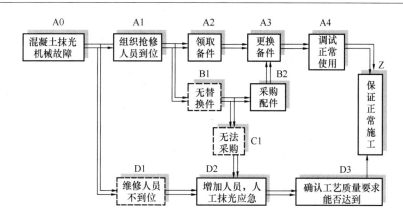

图 3-14 过程决策程序图

制图人：×××   制图日期：×年×月×日

根据现场检查表可以看出，大面积混凝土表面的观感质量已得到很大的提高，达到了预期的目标。

案 例 点 评

本案例中对策实施按照对策表中的措施逐条实施，实施过程文字描述清晰，辅以数据和图表，体现图文并茂，工具运用正确，实施完成后有阶段性验证，其结果与目标相对比，统计方法运用正确，达到目标，实施有效。

3.8.4 本节统计工具运用

对策实施阶段最有效统计方法与工具有 PDPC 法、头脑风暴法、正交试验设计法、图片；比较有效的统计方法与工具有调查表、分层法、直方图、控制图、散布图、箭条图、流程图、简易图表、过程能力；有时采用的统计方法与工具有系统图矩阵图。

1. PDPC 法介绍

PDPC 也称过程决策程序图法，是为了完成某个任务或达到某个目标，在制定行动计划或进行方案设计时，预测可能出现的障碍和结果，并相应地提出多种应变计划的一种方法。这样在计划执行过程中遇到不利情况时，仍能按第二、第三或其他计划方案进行。

例如某工程因砂浆搅拌故障，为回复正常施工而制定的过程决策程序图如图 3-15 所示。

从上图可看出从 A0→Z 考虑，为回复正常施工过程中可能出现的问题，预先设计了四条路线。即：

第一条路线：A0→A1→A2→A3→A4→Z；

第二条路线：A0→A1→B1→B2→A3→A4→Z；

第三条路线：A0→A1→B1→C1→D2→D3→Z；

第四条路线：A0→D1→D2→D3→Z。

2. 箭条图法

箭条图法，就是从网络计划技术移植过来的一种方法，用网络的形式来安排一项工程（产品）的日历进度，说明其作业之间的关系，以提高效率管理进度的一种方法，如图 3-16 所示。

71

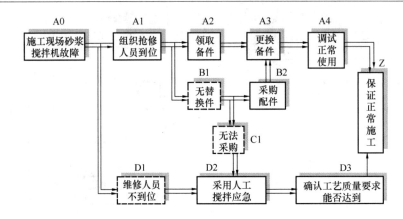

图 3-15 过程决策程序图

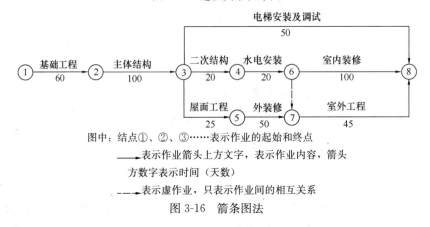

图中：结点①、②、③······表示作业的起始和终点

——▶表示作业箭头上方文字，表示作业内容，箭头

方数字表示时间（天数）

---▶表示虚作业，只表示作业间的相互关系

图 3-16 箭条图法

3.9 效果检查

3.9.1 编写内容

（1）与 QC 小组活动制定的总目标进行对比，检查是否达到了预定的目标，同时应把在改进后的施工方法和工艺流程，在实施过程中所取得的数据，与小组设定的课题目标进行对比。

（2）与对策实施前的现状进行对比，检查活动前后主要质量问题是否得到改进或提高。

（3）计算经济效益。小组通过活动，实现了自己所制订的目标，凡是能计算经济效益的，都应该计算经济效益。

计算经济效益的期限，一般来说只计算活动期（包括巩固期）内所产生的效益。巩固期的长短，应根据实际情况来确定，且是在稳定的状态下所产生的效益。

$$实际经济效益＝产生的收益－投入的费用$$

（4）总结归纳社会效益。如节能减排、绿色环保；相关单位对小组活动的认同度；工程质量效应、信誉等内容。

3.9.2 注意事项

（1）要以数据和事实为依据，取得的成果要有相关单位或部门的认可。产生的经济效益需提供本公司财务部门的证明和监理、建设单位出具的证明。

（2）如果没有达到所设定的目标，则应分析未达到目标的原因，重新进行 PDCA 循环，待实施完成取得效果后再进行检查验证。

（3）对于所解决的主要问题症结，要把实施后的效果与现状调查时的状况进行对比，以明确改善的程度与改进的有效性。

（4）计算经济效益要实事求是，不要拔高夸大，或加长计算的年限，更不要把还没有确定的费用，作为小组取得的效益来计算，也不要把避免工程返工返修所产生的效益计算在内。

3.9.3 案例与点评

《提高十字柱主角焊缝一次验收合格率》的效果检查

某电厂 2 号炉提高十字柱主角焊缝一次验收合格率效果检查如下。

1. 目标值检查

×年×月×日，某电厂 2 号炉主角焊缝全部焊接完毕，我们对一次验收情况进行了数据统计，见表 3-28 及图 3-17、图 3-18。

某电厂 2 号炉"十字柱"焊缝一次验收合格率统计表　　　　　　表 3-28

名称层数	件数	焊缝道数	返修道数	合格数	一次合格率（%）
一层	8	8×12＝96	1.3	94.7	98.6
二层	8	8×12＝96	1.4	94.6	98.5
三层	8	8×12＝96	1.6	94.4	98.3
四层	8	8×12＝96	1.3	94.7	98.6
五层	8	8×12＝96	1.5	94.5	98.4
六层	8	8×12＝96	1.2	94.8	98.8
七层	8	8×12＝96	1.4	94.6	98.5
八层	8	8×12＝96	1.2	94.8	98.7

制表人：×××　　　　　　　　　　　　　　　　　制表日期：×年×月×日

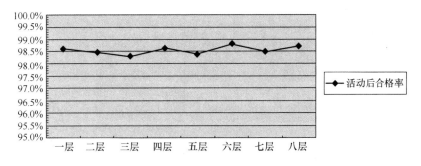

图 3-17　某电厂 2 号炉"十字柱"焊缝一次验收合格率折线图

制图人：×××　　制图日期：×年×月×日

为分析尚存问题，我们对某电厂 2 号炉主角焊缝问题进行了分类统计，绘制排列图，见表 3-29 及图 3-19。

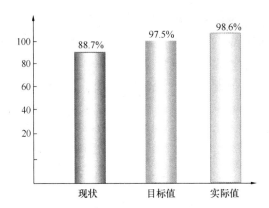

图 3-18 目标实现情况柱形图

制图人：×××   制图日期：×年×月×日

某电厂 2 号炉"十字柱"主角焊缝问题统计表   表 3-29

序号	项目	频数	累计频数	累计频率（%）
1	气孔	116	116	49.4
2	咬边	47	163	69.4
3	夹渣	35	198	84.3
4	焊偏	28	226	96.2
5	裂纹	7	233	99.1
6	其他	2	235	100

制表人：×××   制表日期：×年×月×日

根据以上统计表，绘制排列图，把问题症结实施对策前后进行对比。

从排列图可以看出：焊偏和裂纹已不是影响焊缝验收的主要问题。以上数据充分说明：小组目标已完全实现。

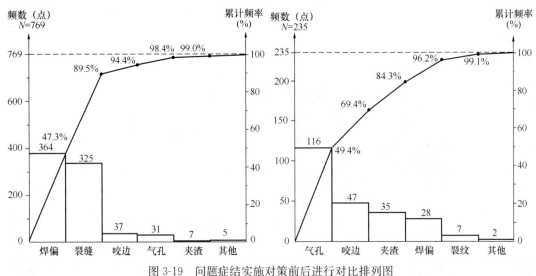

图 3-19 问题症结实施对策前后进行对比排列图

制图人：×××   制图日期：×年×月×日

2. 经济效益

（1）投入。本次活动投资一套加热线 1000 元，焊嘴的委托加工以及材料为 300 元，平台的设计及安装 800 元，共投入约 2100 元。

（2）节约。与某电厂 2 号炉焊接相比已完工的 2 号炉焊接过程因维修磨光机转子需要 900 元，处理焊缝缺陷砂轮片的增加每月 500 元。因多次加热需要的氧气、乙炔的消耗 1000 元。四个月多消耗费为：（900＋500＋1000）×4＝9600，吊车的使用频数可降到 2~3h/d 一台炉约 30000 元，共节约 3.96 万元。

3. 社会效益

此次活动的成功，提高"十字柱"主角焊缝一次验收合格率，降低了生产成本，受到业主和监理的单位的一致好评，为公司打市场创品牌起了积极作用。

经济社会效益证明文件略。

案 例 点 评

本案例中效果检查统计方法运用适当，既有调查表、排列图，又有柱状图，问题反映比较具体，做到用数据说话，经济效益计算详细并有公司确认证明文件。

3.9.4 本节统计工具运用

效果检查阶段最有效的统计方法和工具有分层法、头脑风暴法、简易图表、过程能力、图片；比较有效的统计方法和工具有调查表、排列图、直方图、控制图、散布图、水平对比、流程图。

3.10 巩固措施

3.10.1 编写内容

（1）把已被实践证明的"有效措施"形成的"标准"进行整理。

"标准"是广义的标准，它可以是标准，可以是图纸、工艺文件，可以是作业指导书、工艺卡片，可以是作业标准或工法，可以是管理制度等。就是说，为了巩固成果，防止问题再发生，总结时应把对策表中能使要因恢复到受控状态的有效措施，纳入新标准，便于今后同类工程质量管理中指引。

整理过程应将标准的形成、审批过程、时间、文号等叙述清楚。

（2）总结巩固期时的质量控制情况，应及时收集数据，以确认效果是否维持良好的水平，通过统计工具进行分析，将对策前、对策后、巩固期三个阶段的质量控制情况进行分析，确认是否保持在相同的水平上。

3.10.2 注意事项

（1）已被证明的"有效措施"，是指对策表中经过实施、证明确实能使原来影响问题的要因得到解决，使它不再对质量造成影响的具体措施。应逐条列出新增、更改文件的编号、名称及内容，涉及技术文件和管理文件的修订、新增，应说明编号、名称及相关内容。

（2）"巩固措施"是将已经获得的成果进一步巩固，而不是今后怎么做。

（3）"巩固措施"的内容与"实施对策"密切相关，即"巩固措施"是"实施对策"时的成功做法，巩固措施必须是本课题活动行之有效的措施。

（4）由于 QC 小组没有修订标准的权利，为此，必须按规定程序向标准的主管部门申报，由主管部门认可、批准后执行，它是完成时，而不是进行时。

3.10.3 案例与点评

《提高异形结构自密实混凝土施工质量》的巩固措施

某工程提高异形结构自密实混凝土观感质量 QC 小组活动后制定如下巩固措施。

为使小组活动成果得到巩固和推广应用，我们制定了如下巩固措施：

（1）坚持 QC 小组经常化、科学化管理。

（2）通过公司组织的技术交流会进行交流；开展岗位培训和练兵活动，提高操作人员的技术业务素质，积极应用新材料、新技术，提高工人技术水平，在施工中集思广益，发挥每一个人的智慧。

（3）将本次 QC 成果汇编成册，为以后类似工程提供相关经验，提高今后的施工质量与效率。组织学习和领悟其技术要领，在施工中严格执行，严格按技术交底施工，实行样板引路制度、挂牌留名制度，由专职质检员负责检查，按考核奖罚制度严格执行。

（4）我们对本次 QC 活动所取得的成果进行了标准化总结，归纳了异形结构自密实混凝土施工工艺和质量控制要点，并编制形成了《异形结构自密实混凝土施工工法》，该工法被评为公司级工法。并且我公司在建项目根据工法标准推广实施取得较好的效果，详见表 3-30。

在建项目实施情况　　　　　　　　　　　　表 3-30

项目名称	实施时间	抽查频点	不合格频数	合格率（%）
××××住宅工程	1 月～5 月	300	11	96.3
××办公楼	2 月～5 月	400	13	96.8
×××厂房	1 月～5 月	200	8	96

工法证明文件略。

（5）在获得初步的成功后，我们并未放松警惕，我们小组对异形结构自密实混凝土观感质量进行了为期 3 个月以上观察。截至×年×月×日，对所有异形结构自密实混凝土观感质量，合格率始终稳定保持在 96% 以上。图 3-20 为异形结构自密实混凝土观感质量合格率对比折线图。

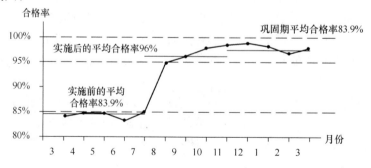

图 3-20　异形结构自密实混凝土观感质量合格率对比折线图

制图人：×××　　　制图时间：×年×月×日

案 例 点 评

本案例标准化已被纳入企业级工法，在本企业项目施工中得到推广，并在本工程后续施工中得到巩固，统计工具运用恰当。

3.10.4 本节统计工具运用

巩固措施阶段最有效的统计方法和工具有分层法、简易图表、图片；比较有效的统计方法和工具有调查表、过程能力。也可以采用的统计方法和工具有直方图、控制图。

3.11 总结与下一步打算

3.11.1 编写内容

（1）对成功的经验加以肯定。

（2）对不足之处进行分析。

（3）总结的方面包括：专业技术方面；管理技术方面；小组综合素质方面，内容包括：①质量意识；②问题意识、改进意识；③分析问题、解决问题的能力；④QC方法运用；⑤团队精神；⑥工作干劲和热情；⑦开拓精神。

3.11.2 注意事项

（1）总结要实事求是，不要为了增强对比效果，把活动前说得一塌糊涂，把活动后写得尽善尽美。

（2）总结要充分肯定活动取得的成效，同时要分析存在的不足和原因。

（3）下一步的打算要有针对性，对提出的新课题要进行评估。课题来源包括：1）由于QC活动，解决了原来的"少数关键问题"，而原来的次要可能上升为关键问题，这些新生的关键问题就可以是下一步活动的课题；2）原来小组已经提出过的课题；3）小组新提出的课题。

3.11.3 案例与点评

《提高外墙涂料施工质量》的总结和下一步打算

某项目提高涂料外墙抗渗漏能力QC活动总结和下一步打算如下：

1. 活动总结

本项目QC小组通过科技攻关，改进了住宅外墙施工抗渗漏的施工方法，从为老百姓考虑的角度，不仅获得了较大的质量效益，其规避后期反复维修以及业主因居住不满意进行索赔所带来的综合效益更是不可估量。

QC小组组员通过本次QC活动，提高了小组团队精神、QC知识和解决问题的信心等，取得了预期的效果，提升了本团队的管理水平。

通过本次QC小组的活动，小组成员在团队精神、个人能力、质量意识、QC知识和施工规范的实习以及解决问题的信心等方面都有了进一步的提高，小组成员的自我评价，综合素质评价及QC小组活动总结评价见表3-31、图3-21及表3-32。

自 我 评 价 表　　　　　　　　　　　　　　　　表 3-31

内容　　　　　活动前后对比	活动前	活动后
团队精神	61	99
团队精神工作热情和干劲	75	91.5
改进意识	53	86.5
QC 意识	54	86
质量意识	61	92.5
进取精神	75	90

制表人：×××　　　　　　　　　　　　　　　　　　制表时间：×年×月×日

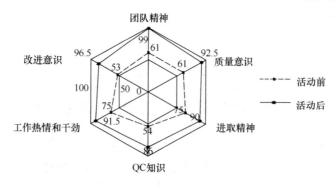

图 3-21　综合素质评价雷达图

制图人：×××　　制图时间：×年×月×日

QC 小组活动总结评价表　　　　　　　　　　　　　　表 3-32

序号	活动内容	主要优点	存在不足	今后努力方向
1	选择课题	选题理由充分，是住宅使用过程中比较突出的问题，课题简洁明了	无	学习 QC 知识，吸收其他 QC 小组经验，扩大选题范围
2	现状调查	选用调查表、排列图对现状进行调查，坚持以数据说话，找出问题症结所在	排列图绘制欠规范	加强统计技术的学习，熟练掌握统计工具，注意统计技术的正确应用
3	设定目标	目标具体、量化，与问题对应	目标设定的依据不够具体、数据性不强	加强学习，提高分析能力，对目标的分析要有针对性，用数据分析
4	原因分析	小组成员选用头脑风暴法，充分发表意见，确认主要原因	个别原因分析较粗，不是末端原因	对制作好的原因分析图应进一步分析和确认，看看是否都分析到末端，如没有，则应进一步分析，直到能直接采取对策
5	对策与实施	对策是针对主要原因而提出的，解决措施为一体化的施工流程	对策实施没有针对对策目标进行的效果比较	每条对策实施后，进行比较，已确认实施的效果

续表

序号	活动内容	主要优点	存在不足	今后努力方向
6	检查效果	确认实施效果，并跟踪，确保效果稳定	对比图表不规范	不断学习，持续改治，应用统计图表
7	巩固措施总结	将有效的对策措施纳入到施工技术标准，对活动进行总结	缺少巩固期数据的采集，并与目标进行比较	学习程序要求，注意巩固期数据的收集，检验巩固措施是否有效

2. 下一步打算

QC小组成立期间，小组成员的管理水平和技术水平有了很大的提高，初步摸索出了一套外墙抗渗漏方法，但是对外墙工程来说，仍然存在着知识不全面和经验欠缺的问题，在一些节点位置存在有不足。带着这些问题，我们在以后的工程施工中不仅注重知识全面性，而且还要进一步细化和深化，不局限于目前的施工经验和条条框框，力争使自己的管理、技术水平得到更大的提高，为企业的发展发挥更大的作用。

在今后的工作中，我们将积极探索新技术、新材料的应用；提前策划和技术交底，同时充分利用项目的特点、难点，有针对性地选取新颖实用的课题，不断创新、开拓，积累施工经验。

案 例 点 评

该案例总结与下一步打算从专业技术、管理技术、小组综合素质三方面进行总结，内容较齐全，统计工具应用正确。

改进建议：下一步打算提出的新课题应进行评估选定。

3.11.4 本节统计工具运用

可以采用的统计工具有：分层法、简易图表、图片等，其中分层法、简易图表统计工具特别有效。

4 创新型 QC 小组活动成果的编写

创新型 QC 小组活动是开展 QC 活动的主要类型之一，近年来得到了广泛应用。

4.1 工程概况

4.1.1 编写内容

工程概况主要是描述 QC 小组所在工程的工程特点，特别要介绍创新型 QC 立项的动因、施工进度计划和工程质量管理目标，该项技术、工艺或方法对项目的影响程度，或急需全新设计突破原有工艺的情况。

4.1.2 注意事项

（1）不能照搬照抄全部施工组织设计工程概况，要把与 QC 活动相关的部分做个简要介绍，不需长篇大论，言简意赅。

（2）要突出需创新部分亟待解决的问题。

（3）尽量用图片反映工程概况，使人一目了然。

（4）编写时可以运用网络图、流程图及简易图表。

4.1.3 案例与点评

《双向张弦桁架施工方法创新》的工程概况

国家体育馆由比赛馆和热身馆两部分组成，总建筑面积 80890m²，地下 1 层，地上 4 层。比赛馆和热身馆由屋顶钢结构连成一个整体。钢屋盖结构形式为单曲面、双向张弦桁架钢结构，见图 4-1。

(a)   *(b)*

图 4-1 国家体育馆钢屋盖结构形式

双向张弦桁架钢结构上部为刚性上弦平面桁架，中间为半刚性中间撑杆，下部为柔性下弦索网。

整个钢屋盖投影面积 22788m²，总用钢量约 3000t，钢屋盖轴测图如图 4-2 所示。

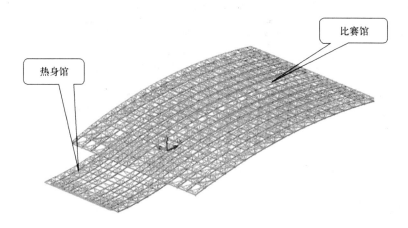

图 4-2 钢屋盖轴侧图

案 例 点 评

该工程概况紧扣 QC 课题"双向张弦桁架施工方法创新"，且图文并茂，为课题的导入做好铺垫。

改进建议：双向张弦桁架施工方法重要性未交代清楚。

4.2 QC 小组简介

4.2.1 编写内容

主要描述小组的沿革、组成等情况，重点要反映小组的概况，包括小组注册和课题注册，以及小组获得的荣誉等，作为小组能完成 QC 活动的基本保障。

4.2.2 注意事项

（1）小组简介要围绕小组类型来展开，确保能完成设定的课题目标。

（2）小组成员介绍要包括小组注册号、课题注册号、QC 教育培训时间、人员组成及组内职务等要件，活动时间要真实记录，避免出现活动时间和过程记录时间不一致的状况。

（3）人员组成应包括技术、施工、班组等成员，可聘请相关技术专家作为顾问。

（4）小组若为跨年度的必须重新进行注册。

4.2.3 案例与点评

《×××安装升降卸载技术创新》的小组概况

（1）本 QC 小组自×年以来，持之以恒地坚持技术创新活动，为解决施工难题和创造精品工程提供了可靠的技术保障。目前已荣获××省建筑业 QC 优秀成果一等奖 14 项，并 12 次代表××省出席全国建设系统成果发布，均荣获"全国工程建设优秀质量管理小组"奖，×年和×年均荣获全国建筑业 QC 成果一等奖和国家四部委授予的"全国优秀质量管理小组"称号。

（2）小组成员简介，见表 4-1。

小组成员一览表

表 4-1

小组名称	××××QC 小组	成立时间	×年×月	课题类型		创新型
小组注册号	xx/yy-2011-02	注册时间	×年×月	课题注册号		xxxx/yy-2011-02
课题名称	×××安装升降卸载技术创新			课题注册时间		×年×月
活动时间	×年×月×日～×年×月×日		平均受 QC 教育时间			90 课时
序号	姓 名	性 别	职 称	文化程度	职 务	出勤率	组内分工
1	×××	男	高级工程师	研究生	项目经理	100%	组 长
2	×××	女	工程师	本科	技术负责人	100%	副组长
3	×××	男	助理工程师	本科	施工负责人	100%	技术创新
4	×××	男	技术员	专科	技术员	98%	组员
5	×××	女	技术员	专科	技术员	96%	组员
6	×××	男	助理工程师	本科	施工员	100%	施工负责
7	×××	男	助理工程师	本科	施工员	100%	施工助理
8	××	男	助理工程师	专科	施工员	98%	施工助理
9	×××	男	技术员	专科	技术员	98%	组员
10	×××	女	助理工程师	专科	资料员	98%	资料整理
11	×××	男	技术员	专科	技术员	100%	组员
12	×××	男	技术员	专科	技术员	100%	组员

制表人：×××　　　　　　审核人：××　　　　　　制表日期：×年×月×日

案 例 点 评

本案例小组历年成绩以及小组成员 QC 培训等交代清楚，组内分工明确；小组注册与课题注册描述到位。

4.3 选择课题

4.3.1 编写内容

（1）这一程序对于"创新型"课题来说非常重要，必须体现创新的要求。课题必须落实在开发、研制新产品、新服务项目、新业务、新方法等方面，而不是什么指标水平的提高与降低方面。如《撒盐机撒布系统的研制》、《研究提取养护专项数据的新方法》等。

（2）为了突破现有产品（服务）、业务、方法的局限，实现创新，要发动 QC 小组全体成员，围绕所要解决的问题，运用头脑风暴法，充分发挥丰富的想象力，提出自己的想法和意见，可用亲和图对大家提出的各种想法和意见加以整理、归纳，从不同角度形成一些可供选择的课题。

（3）对整理形成的几个可供选择的课题，按照一定的标准进行综合分析、评价，然后经过比较，选出小组成员共同认可的活动课题。

4.3.2 注意事项

（1）选择课题时应特别注意不要受现状和已有经验的束缚，否则就无法创新。

（2）注意不要人为降低原先做过的工序、项目质量来拔高创新难度。

（3）切忌与改进或提高的问题解决型课题混淆，如解决构造柱上段钢筋连接难题。

（4）评价时一定要有数据和量的分析，不要全部都是空洞的语言。

4.3.3 案例与点评

《建筑楼层施工防护门自动开闭装置的研制》的选择课题

（1）为了确保本次课题的必要性，我们小组成员结合本工程实际，对本工程安全生产中急需解决的难点从重要性、紧迫性、难度系数和经济性进行了调查、对比与分析评价，见表4-2。

小组课题选择评价表　　　　　　　　　　　　　　　　表4-2

序号	课题名称	重要性	紧迫性	难度系数	经济性	综合得分
1	提高施工现场扬尘控制效果	▲	▲	▲	●	29
2	架体与结构封堵的安全控制	★	▲	▲	★	36
3	建筑楼层洞口防护标准化的安装新方法	▲	★	▲	●	31
4	建筑楼层施工防护门自动开闭装置的研制	★	★	★	▲	38

制表人：×××　　　　　　　　　　　　　　　　制表日期：×年×月×日

注：★—10分，▲—8分，●—5分。

由以上评价得出"建筑楼层施工防护门自动开闭装置的研制"是我们小组头等迫切需要攻关的课题。

（2）小组成员对××市有关施工现场高层建筑施工电梯防护门的调查均未有使用过自动开闭装置的楼层防护门，无同类工艺原理及技术参数可借鉴。

（3）结合公司×年下半年设备专项检查对建筑楼层施工电梯使用的防护门资料数据所掌握的特点分析如下：

常规防护门的优缺点为成本低，可重复使用，手动操作，电梯司机很容易用后忘记关门，或为便于作业、省时不关门等不安全因素。公司共检查45个项目，其中安装施工电梯常规防护门的项目40个4800扇门，存在忘记关门或关门不上插销的不安全因素占12％和开闭时间长（15s以上）的占60％（图4-3），所以迫切需要解决。

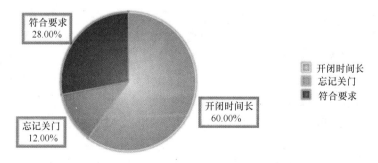

图4-3　常规防护门不安全因素饼分图

制图人：×××　　　制图日期：×年×月×日

而自动感应防护门开闭装置的优点为安全性能可靠，制作简单，安装容易，可重复使用，只是成本略高，工地可自行制作安装。

（4）常规防护门与自动感应防护门从施工现场安全文明施工的重要性对比，见图 4-4。

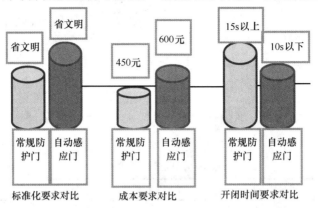

图 4-4　常规防护门与自动开闭防护门对比柱状图
制图人：×××　　　　　　　　制图日期：×年×月×日

综上分析，我们 QC 小组确定了课题：建筑楼层施工防护门自动开闭装置的研制。

案 例 点 评

本案例从现场实际需求出发，通过小组选出的 4 个课题进行评价，从中选出课题《建筑楼层施工防护门自动开闭装置的研制》，而且点明了该课题系本企业、本地区没有做过的难题，创新难度显而易见；从安全性、重要性方面找出相关数据进行对比分析，对选择的课题作了进一步阐述；图表运用正确。

4.3.4　本节统计工具运用

本节优先采用调查表、分层法、图表、照片和亲和图，还可以应用水平对比、直方图和控制图等统计工具。

1. 亲和图介绍

亲和图介绍见图 4-5。

2. 课题分析

（1）光伏幕墙系统，能将太阳能转化为电能，是一种新能源技术，能发电能遮阳，保温、隔音，绿色节能，能满足绿色节能建筑要求。此课题本公司的××项目部已在开展光伏幕墙系统的 QC 活动，本小组不采用此课题。

（2）墙面垂直绿化，美化环境，吸尘降噪，调节室内温度，改善城市热岛效应，绿色节能，能满足绿色节能建筑要求，根据项目工期要求，×年×月开始做骨架，植被部分×年×月开始实施，不能满足本次 QC 活动的时间要求，本次不采用此课题，但作为下次的优选课题。

（3）隐框玻璃幕墙，断桥隔热型材、中空 low-E 玻璃，节约能源，但有光污染问题，此课题不采用。

（4）竖挂陶板幕墙，陶板新材料，可有效回收，颜色温和，无光污染，空腔结构，保温隔热，具有自洁功能，竖挂陶板幕墙国内尚无，绿色节能，能满足绿色节能建筑和本次

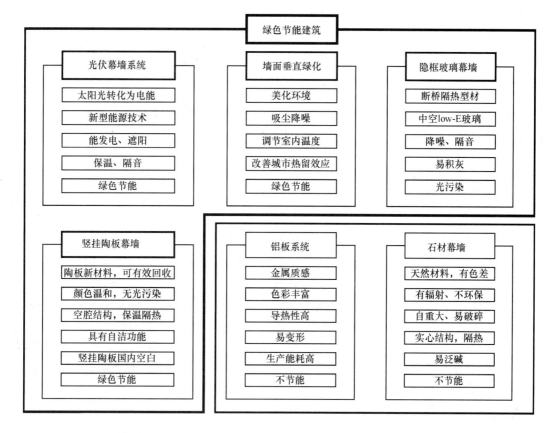

图 4-5 亲和图简介

制图人：×××   制图时间：×年×月×日

QC 活动时间安排，本次采用此课题。

（5）铝板系统，导热性高，生产耗能高，不节能，不采用。

（6）石材幕墙，实心结构，隔热差，有辐射，不节能，不采用。

4.4 设定目标及目标可行性分析

4.4.1 编写内容

（1）创新型课题设定目标是一个全新的要求，应根据课题直接定量地确定目标。如新方法、新工艺的创新课题，可以直接将方法或工艺的参数，给出一个量化的指标。

（2）对于有定性的目标，需要通过转化为间接定量的方式设定目标。如施工效率的创新课题，可以将定性的目标转化为劳动生产率或产值等定量目标。

（3）设定目标后要对目标进行分析，分析内容可从技术、试验能力、人力、物力水平等方面进行分析，尽量给出一些量化的数据。

4.4.2 注意事项

（1）创新型课题设定目标尽可能地量化，以便于检查课题活动的成效。

（2）目标不能设定过多，如工期、造价、安全、质量等多个目标，这样不便于活动的开展，应根据课题的内容以 1～2 个目标为主。

（3）设定目标尽量直观，不能笼统，这样便于检查活动的成效。

4.4.3 案例与点评

《钢地砖的铺贴施工新方法》的设定目标

1. 确定目标

我们 QC 小组根据上述分析，经与业主、监理及 QC 小组成员共同讨论研究，确定目标为：实现钢地砖铺贴一次成型，表面平整度好，无空鼓。

2. 确定目标值

质量验收合格率达 94%。钢地砖表面平整度控制在 2mm 以内；相邻砖接缝高低差为 0.5mm。

3. 目标值分析

（1）作为公司的创优重点项目，公司对本工程非常重视，并要求按照公司 ISO9001 质量体系进行管理，建立完善的质量管理体系和质量保证体系。在施工中，制定各道工序的自检、交接检和专检的"三检"制度，对每个部位、工序的检查形成记录。

（2）我国国内已有许多解决好地面平整度、相邻砖接缝高低差和保证地砖与基层粘结性能的铺结方法，可供借鉴。

（3）本小组有多年的 QC 活动经验和较高的技术、质量管理能力，2006 年获得全国优秀质量管理小组称号，完成的 QC 成果先后获得中国建筑业和江苏省建筑业 QC 成果一等奖，施工班组也有着丰富的施工经验。

（4）业主对工程创优非常支持，聘请了德国的钢地砖铺贴专业技术人员到施工现场介绍德国关于钢地砖的施工方法。我们小组将吸收德国专家参加 QC 小组活动，使德方的施工方法与中国国情相结合，以确保钢地砖铺贴的施工质量。

（5）由于钢地砖为进口材料，按照设计要求验收标准应达到国内的普通地砖验收标准，且我公司施工普通陶瓷地砖的合格率水平已在 90% 以上，要将平整度控制在 2mm 以内，相邻砖接缝高低差不大于 0.5mm，且不出现空鼓，我们必须要解决好粘结层的铺设质量和粘结性能，确定出最佳施工方案。

案 例 点 评

本案例课题选择的是施工新方法，目标先定性，后转化为对施工质量合格率和验收标准的量化，前后呼应，便于检查活动的成效；目标分析从技术能力、管理能力和小组的创新能力方面进行了分析。

改进建议：对于 94% 的合格率依据分析可再具体一点。

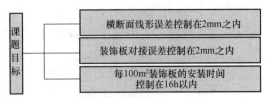

图 4-6　钢箱梁装饰板安装目标确定系统图

制图人：×× 　审核人：××× 　制图时间：×年×月×日

4.4.4 本节统计工具运用

1. 系统图

钢箱梁装饰板安装目标确定系统见图 4-6。

2. 简易图表（柱状图）

定性目标：优质。

量化目标：（1）垃圾排放量相对减少

90%，即从6.76t减少为0.676t；（2）安装时间由18个工日（2个技工加2个普工）缩短到4个工日。具体见图4-7。

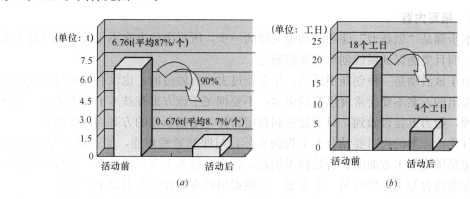

图4-7 简易图表

3. 网络图

（1）传统做法工地大门现场施工网络图，见图4-8。

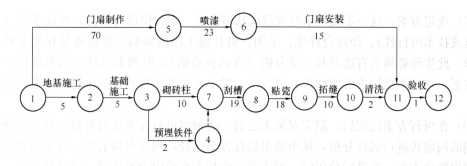

图4-8 传统做法工地大门现场施工网络图

（2）工具化工地大门现场安装网络图，见图4-9。

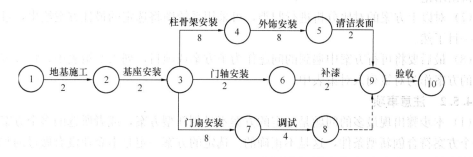

图4-9 工具化工地大门现场安装网络图

制图人：×× 审核人：××× 制图时间：×年×月×日

说明：图4-8及图4-9中，结点①、②、③……表示作业的起始和终点；图4-8显示总工期为7d共18个工日，图4-9显示总工期为10h共4个工日。

——▶ 表示作业，箭头上方文字表示作业内容；箭头下方数字表示时间（小时）。

-----▶ 表示虚作业，只表示作业间的相互关系。

4.5　提出各种方案，并确定最佳方案

4.5.1　编写内容

（1）本步骤是"创新型"课题活动很关键的一步，所提出的方案不仅关系到所选方案的广泛性，而且要能保证最佳创新方案的确定。

（2）由于该活动是一种创新型活动，是企业过去没有做过的，也没有借鉴过别人的做法，所以提出的方案不要受常规思维的束缚，不要拘泥于该方案在技术上是否可行，经济上是否合理，能力上是否做到，只要能达到预定目标，是创新型的方案均可提出来。

（3）首先，方案的提出要结合本工程的实际，与课题紧密相连，如：施工方法创新，那方案一定是围绕施工方面的；若是技术创新，就应在技术上多广泛选择，也可以将其中的某两个方案结合起来，形成另一个方案。一般提出的方案在 3 个及以上比较好。

（4）其次，方案的内容要写清楚，是工艺创新的一定要将工艺流程介绍清楚，配以工艺流程图；是方法创新的，应详细介绍具体的施工方法、步骤和参数，并配图，标注好尺寸、数据、名称；是研发方案，应将模拟试验的情况、特点、参数写清楚，图例标注清晰。

（5）选定方案：这一步 QC 小组成员可从多角度、多方位进行考虑，按技术特点（工艺特点或技术可行性）、经济合理性、工期、对其他工序的影响、操作难易程度等进行对比分析。此步骤必须要有数据和经济分析（或试验数据），可列表反映，给出结论，得出可行方案。切记不能用重要度评价、打分法、举手表决等主观判断为主的方法来确定最佳方案。

（6）在可行方案选定后，制定对策表之前，必须将可行方案进行分解，列出实施时可能遇到的问题再进行展开分析，从中选出最佳方案途径，列入对策表中。每个问题展开后可再提出解决方案，在进行分析时，解决方案应将方案的内容说清楚，可以从效果、经济测算、工期、复杂难易程度等进行分析或试验出的数据分析，列出该方案的优缺点进行对比，得出结论。

（7）对以上方案的对比分析进行归类，可采用系统图将选定的最佳方案绘出，过程与结论一目了然。

（8）最后要将可行方案中遇到的问题作为子方案或项目，列入对策表中，将选定解决问题的方案作为对策列入对策表中。

4.5.2　注意事项

（1）本步骤出现最多的问题是选定的方案不是创新型方案，或者所选的多个方案中只有一个方案符合创新型条件，这是不正确的。选定的方案一定是本企业没有做过的和没有借鉴别人的，一定要在选定方案时说清楚。

（2）提出的方案不能单一、偏少，只进行一次选择比较机会，没有从多角度、多方位提出不同的方案，或者只有两个方案可选择，比较的范围小；不能将方案单纯选定为"购置"、"外委"或"自我开发"等，再对这几种过于简单的方案进行主观判断或打分，这也是不正确的。

（3）方案的对比性差，只是为了比较而比较，虽然提出的方案有两个，但明显选择的方案只有一个，另一个不属于创新方案，是为了"陪衬"。

（4）没有将选定的可行方案进行分解得出最佳方案，且对子方案没有再进行对比分析或试验分析，注意不要将最佳方案的工艺流程列入对策表中。

（5）提出问题后一定要对重点、难点再提出方案进行分析，可以对重点、难点的子方案的选择进行实验对比。

（6）本步骤中要选择合适的统计方法，不要只有文字和表格，没有任何统计工具应用。

4.5.3　案例与点评

《建筑楼层施工防护门自动开闭装置的研制》的提出方案并确定最佳方案

1. 提出方案

×年×月×日在项目部会议室召开了防护门自动开闭装置安装方案专题会，业主、监理、公司技术专家参加，与会人员详细分析了国内施工电梯防护门的安装方法和材料、环境的差异，结合本工程的实际，共提出了3种自动开闭安装方法。

（1）方案一：采用电控进行自动启闭

安装原理：在建筑指定某层上按楼层呼叫器传达指令给施工电梯司机，施工电梯笼到达指定楼层，停靠稳定后由司机按动按钮由楼层接收器传出指令给电磁锁门器动作。电磁开关通电启动并向下运动，瞬间打开卡片刀使施工电梯料台防护门自动开启。人员及货物进入电梯笼，电磁锁门器在设定运行10s后断电，弹簧复位，卡片刀回至限位位置。当关上电梯防护门时，由于惯性作用，通过自制弹簧的回力，使卡片刀沿着刀口的圆弧面卡住防护门上框边缘的钢筋插销，电梯防护门自动锁合，等待下次启动，完成一个操作过程，见图4-10。

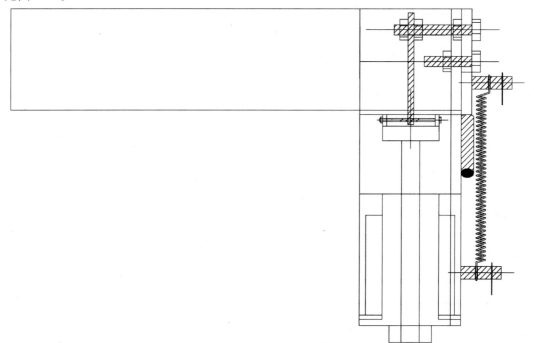

图 4-10　电控自动启闭装置安装图

工艺流程如图 4-11。

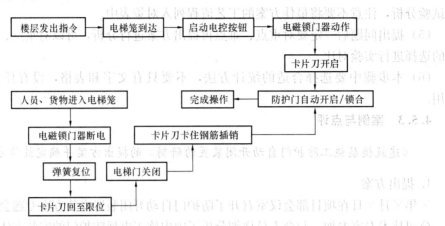

图 4-11 电控自动启闭装置工艺流程图

（2）方案二：利用声控进行自动启闭

安装原理：在建筑指定某层上按楼层呼叫器传达指令给施工电梯司机，施工电梯笼到达指定楼层，停靠稳定后由司机发出声控指令给楼层接收器接收，由接收器传出指令给电磁锁门器动作。电磁开关通电启动并向下运动，瞬间打开卡片刀使施工电梯料台防护门自动开启。人员及货物进入电梯笼，电磁锁门器在设定运行 10s 后断电，弹簧复位，卡片刀回至限位位置。当关上电梯防护门时，由于惯性作用，通过自制弹簧的回力，使卡片刀沿着刀口的圆弧面卡住防护门上框边缘的钢筋插销，电梯防护门自动锁合，等待下次启动，完成一个操作过程，见图 4-12。

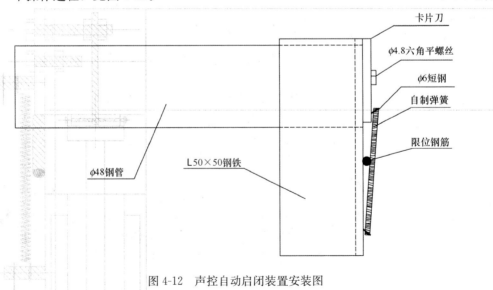

图 4-12 声控自动启闭装置安装图

工艺流程如图 4-13。

（3）方案三：利用红外线感应进行自动启闭

安装原理：在建筑指定某层上按楼层呼叫器传达指令给施工电梯司机，施工电梯笼到达指定楼层，光学接近感应发射器发出红外线与光学接近感应接收器接收，由接收器传出

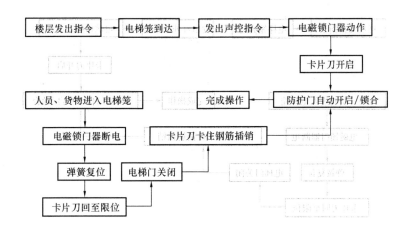

图 4-13 声控自动启闭装置工艺流程图

指令给电磁锁门器动作。电磁开关通电启动并向下运动，瞬间打开卡片刀使施工电梯料台防护门自动开启。人员及货物进入电梯笼，电磁锁门器在设定运行 10s 后断电，弹簧复位，卡片刀回至限位位置。当关上电梯防护门时，由于惯性作用，通过自制弹簧的回力，使卡片刀沿着刀口的圆弧面卡住防护门上框边缘的钢筋插销，电梯防护门自动锁合，等待下次启动，完成一个操作过程，见图 4-14。

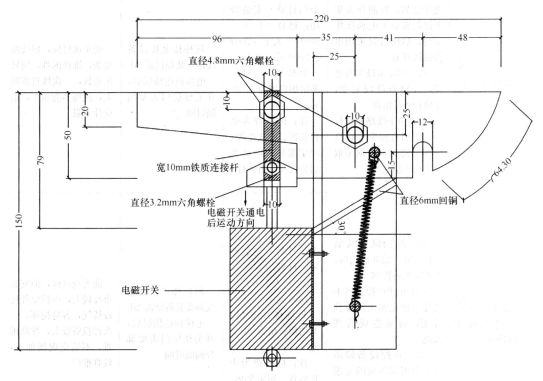

图 4-14 红外线感应自动启闭装置安装图

工艺流程如图 4-15。

2. 选定方案

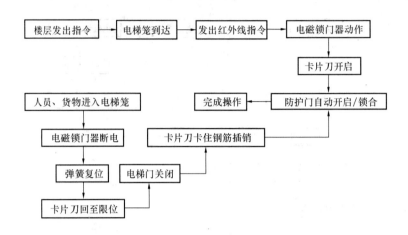

图 4-15 红外线感应启闭装置工艺流程

QC 小组成员从多角度、多方位考虑，对以上 3 种方案进行对比分析，具体见表 4-3。

对 比 分 析 表 表 4-3

项　目	技术特点	经济合理性	工　期	结　论
方案一（采用电控进行自动启闭）	（1）每个楼层门安装电控装置，控制开关集中设置在施工电梯操作室内，启闭门时采用电控按钮开关 （2）因需布设多路电缆，线路布设较复杂，维修检查较困难 （3）由于线路布设较多，使用过程中存在许多安全隐患，必须采取安全防护措施	每个楼层门（按2个门计算）安装费用：材料（1000＋800）＋人工（200）＝2000 元 每栋楼（18 层）共增加费用为 36000元 注：材料费为电控装置、电线电源、固定架体、活动开启装置及所用辅材	每栋楼电控设备线路安装调试需 3d 电梯到达楼层后，开关楼层门需要间隔时间	能实现目标，但线路复杂，维修困难，周转次数低，一次性投资较大，现场不能加工，适应性不强
方案二（采用声控进行自动启闭）	（1）每个楼层门安装声控装置，需开启门时，由声音进行控制 （2）由于声控装置不能完全由电梯司机单独控制，容易造成管理混乱 （3）声控设备较敏感，对周围环境的要求较高，操作时必须保证周边安静	每个楼层门（按2个门计算）安装费用：材料（1300＋400）＋人工（100）＝1800 元 每栋楼（18 层）共增加费用为 32400元 注：材料费为声控装置、固定架体、活动开启装置及所用辅材	每栋楼声控设备线路安装调试需 2d 电梯到达楼层后，开关楼层门需要部分间隔时间	能实现目标，但安装难度较大，声控原件比较娇气，容易损坏，一次性投资较大，维修困难，不适应现场加工，较难推广

续表

项　　目	技术特点	经济合理性	工　期	结　　论
方案三（采用红外线感应进行自动启闭）	（1）在楼层门上安装光学感应装置，光学接近感应发射器发出红外线与光学接近感应接收器接收，由接收器传出指令给电磁锁门器动作。电磁开关通电启动并向下运动，瞬间打开卡片刀使施工电梯料台防护门自动开启。 （2）制作安装方便简单，投入较高 （3）劳动强度相对不大	每个楼层门（按2个门计算）安装费用：材料（600＋400）＋人工（200）＝1200元 每栋楼（18层）共增加费用为21600元 注：材料费为光学感应器装置、固定架体、活动开启装置及所用辅材	每栋楼光学感应装置安装调试需2d；电梯到达楼层后，楼层门就会自动开启，大大缩短了停留时间	能实现目标，利用红外线感应，达到自动启闭的效果，原理简单，制作安装容易，但一次性投入较大

制表人：×××　　　　　审核人：×××　　　　　制表日期：×年×月×日

通过对以上3种方案的对比分析，我们认为方案三在技术可行性、安装难易程度、经济合理性等方面更具有优势，对此我们把方案三利用红外线感应来进行自动启闭作为可行方案。

3. 方案实施中必须研究解决的问题

通过上述论证，实施利用红外线感应来进行自动启闭还需要解决好活动开启装置、固定架体装置和感应接收装置的质量控制三方面工作。经过小组成员的分析讨论，提出控制方案如图4-16所示。

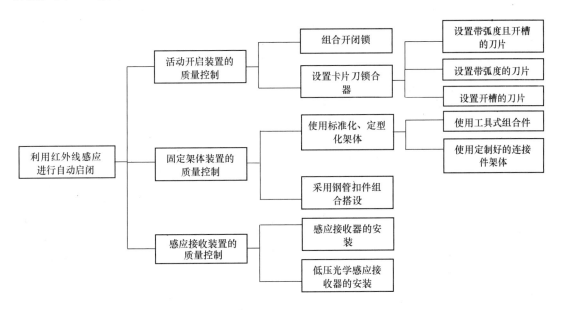

图4-16　红外感应自动启闭装置控制方案

制图人：×××　　　　　审核人：×××　　　　　制图日期：×年×月×日

（1）活动开启装置的质量控制，见表 4-4。

活动开启装置的质量控制 　　表 4-4

方 案 选 定		特 点	分析结论
组合开闭锁	（1）开闭锁由锁头、锁芯、锁把组成，安装在楼层防护门上的钢筋插销上 （2）此方案增加的费用计算（按 1 栋 18 层 2 个门）： 18×2×200 元/组＝7200 元 （3）工期测算： 1）安装 1 栋需要增加 1d。 2）因缩短开闭时间，每月可省 2~3d	优点： （1）能从根本上解决防护门开闭安装问题，安全可靠 （2）开闭时间控制准确，使上下电梯速度加快，节省施工时间 缺点： 开闭锁为组合件，必须专业人员设计，安装要求较高	该方案安装要求较高，需增加费用
设置带弧度且开槽的刀片	（1）卡片刀锁合器由卡片刀、角钢、自制弹簧、限位钢筋组成，安装在楼层防护门的钢筋插销上。其中刀片的作用是利用弧度和开槽达到启闭效果 （2）此方案增加的费用计算（按 1 栋 18 层 2 个门）： 18×2×150 元/组＝5400 元 （3）工期测算： 1）安装 1 栋需要增加 1d。 2）因缩短开闭时间，每月可节省 2~3d	优点： （1）能从根本上解决防护门开闭安装问题，安全可靠 （2）开闭时间控制准确，使上下电梯速度加快，节约施工时间 （3）制作安装简单，可进行现场加工 缺点： 加工的尺寸、角度要控制准确，自制弹簧的回力要适当	该方案制作安装简单，可现场加工
设置带弧度的刀片	（1）卡片刀锁合器由卡片刀、角钢、自制弹簧、限位钢筋组成，安装在楼层防护门的钢筋插销上。其中刀片的作用是利用弧度达到启闭效果 （2）此方案增加的费用计算（按 1 栋 18 层 2 个门）： 18×2×130 元/组＝4680 元 （3）工期测算： 1）安装 1 栋需要增加 1d。 2）因缩短开闭时间，每月可节省 2~3 天	优点： （1）能从根本上解决防护门开闭安装问题，安全可靠 （2）开闭时间控制较准确，使上下电梯速度加快，节约施工时间 （3）制作安装简单，可进行现场加工，费用较少 缺点： （1）加工的尺寸、角度要控制准确，且只靠弧度控制开启时精确度较难把握 （2）自制弹簧的回力要适当	该方案制作安装简单，可现场加工，但开闭控制精度难达到
设置开槽的刀片	（1）卡片刀锁合器由卡片刀、角钢、自制弹簧、限位钢筋组成，安装在楼层防护门的钢筋插销上。其中刀片的作用是利用开槽达到启闭效果 （2）此方案增加的费用计算（按 1 栋 18 层 2 个门）： 18×2×120 元/组＝4320 元 （3）工期测算： 1）安装 1 栋需要增加 1d 2）因缩短开闭时间，每月可节省 2~3d	优点： （1）能从根本上解决防护门开闭安装问题，安全可靠 （2）开闭时间控制较准确，使上下电梯速度加快，节约施工时间 （3）制作安装简单，可进行现场加工，费用较少 缺点： （1）加工的尺寸要控制准确，且只靠开槽控制开启时动作不易顺畅 （2）自制弹簧的回力要适当	该方案制作安装简单，可现场加工，但开闭动作不易顺畅

制表人：×××　　　　　　　核对人：×××　　　　　　制表日期：×年×月×日

经 QC 小组成员×××、×××、×××、×××于×年×月×日～×月×日在现场进行试验的效果分析，我们决定采用设置卡片刀锁合器，其中卡片刀采用设置带弧度且开槽的刀片。

（2）固定架体装置的质量控制，见表 4-5。

固定架体装置的质量控制 表 4-5

方案选定		特点	分析结论
使用工具式组合件	（1）采用工厂组合好的架体。包括纵横向转接件，在制作车间加工完成，组合安装成固定架体 （2）此方案增加的费用计算（按 1 栋 18 层，包括刷油漆）： 18×150 元/组＝2700 元	优点： （1）能实现固定架体标准化 （2）定型化的架体可重复使用 缺点： （1）需要有加工厂制作 （2）加工费用较高	该方案增加加工费用较高且需要加工厂制作，但可周转使用，实际成本可降低，安装方便
使用定型好的连接件架体	（1）采用钢管制作十字定型化转接件、L 字定型化转弯件、T 字定型化转弯件，根据料台的尺寸，进行钢管下料，组合安装成固定架体 （2）此方案增加的费用计算（按 1 栋 18 层，包括刷油漆）： 18×160 元/组＝2880 元	优点： （1）能从根本上解决固定架的标准化 （2）能根据现场实际调整尺寸 （3）定型化的部件可进行周转再利用 缺点： 增加制作费用较高	该方案安装方便，虽然制作费用较高，但可周转使用，实际成本可降低
采用钢管扣件组合搭设	（1）采用钢管扣件组合搭设，取材方便 （2）搭设质量要求较高，需专业架子工进行搭设 （3）此方案增加的费用计算（按 1 栋 18 层钢管、扣件租赁费每米 0.009 和 0.006 元共 300d 计算，包括刷油漆）： 18×120 元/组＝2160 元	优点： （1）能从根本上解决固定架体的搭设 （2）容易实现目标，安装快速 缺点： （1）搭设的固定架体标准化程度不够 （2）架体的安装质量不高	该方案简便，架体的安装质量不高，标准化程度不够，但费用较少

制表人：×××　　　　　　核对人：×××　　　　　　制表日期：×年×月×日

经 QC 小组成员×××、××、×××于×年×月×日～×月×日进行组装并根据现场安装情况分析，我们决定采用使用定制好的连接件组合标准化、定型化架体（图4-17）。

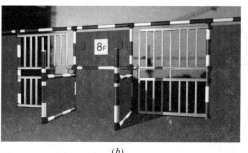

(a)　　　　　　　　　　　　　　(b)

图 4-17　定制好的连接件组合标准化、定型压架体

（3）感应接收装置的质量控制，见表 4-6。

感应接收装置的质量控制

表 4-6

方 案 选 定		特 点	分析结论
感应接收器的安装	（1）感应器装置由接近感应器（发射器）、接近感应器（接收器）、电磁锁门器及电线配件组成。当施工电梯笼上升至所到楼层时，发射器发出指令（红外线）与接收器接收，接收器通过与电磁锁门器的连接线传达指令，使电磁开关通电启动并向下运动，瞬间打开卡片刀使料台电梯门自动开启 （2）使用 380V 电压与感应器连接 （3）此方案增加的费用计算（按 1 栋 18 层 2 个门）： 18×2×120 元/组＝4320 元 （4）工期测算： 1）安装调试 1 栋需要增加 1d 2）因缩短开闭时间，每月可节省 2～3d	优点： （1）能快速发出指令实现目标 （2）需提供相配套的电源 缺点： 使用 380V 电源，安装不方便，存在安全隐患，容易发生触电事故	该方案技术有保证，但安全性不高
低压感应接收器的安装	（1）感应器装置由光学接近感应器（发射器）、光学接近感应器（接收器）、电磁锁门器及电线配件组成。当施工电梯笼上升至所到楼层时，发射器发出指令（红外线）与接收器接收，接收器通过与电磁锁门器的连接线传达指令，使电磁开关通电启动并向下运动，瞬间打开卡片刀使料台电梯门自动开启 （2）通过变压器将 380V 转换成 36V 安全电压，每层的电磁锁门器开关接 36V 电压，电线用 PVC 绝缘穿管，沿料台敷设 （3）此方案增加的费用计算（按 1 栋 18 层 2 个门）： 18×2×150 元/组＝5400 元 （4）工期测算： 1）安装调试 1 栋需要增加 1d 2）因缩短开闭时间，每月可节省 2～3d	优点： （1）能快速发出指令实现目标 （2）安全可靠，操作有保障 缺点： 一次性投入费用较高	该方案技术有保证，且安全可靠，可周转使用，实际成本可降低

制表人：×××　　　　　　　核对人：×××　　　　　　　制表日期：×年×月×日

经 QC 小组成员××、×××、××、×××于×年×月×日～×月×日进行多次试验，并根据现场调试情况分析，我们决定采用使用低压感应接收器的方案作为红外线感应接收装置。

4. 确定最佳方案

最佳方案如图 4-18 所示。

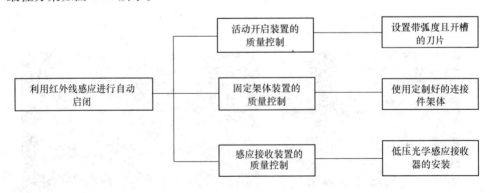

图 4-18　最佳方案

制图人：×××　　　审核人：×××　　　制图日期：×年×月×日

案 例 点 评

本案例是一篇非常好的创新型成果，能紧紧抓住"提出方案，并确定最佳方案"这个核心程序进行分析，对提出的 3 个方案分别展开描述，介绍了安装原理及工艺流程，并附安装装置图和工艺流程图；对 3 个方案从技术特点、经济合理性、工期等方面逐项分析、比较，给出结论，有数据、经济对比和技术分析；在选定可行方案后找出了实施中必须研究解决的问题，再按重点、难点提出了子方案。对选定的 8 个子方案从造价、工期以及方案的优缺点进行分析，给出结论；对选定出的最佳方案采用系统图进行归类，方案分析论证比较充分，引出了"自动启闭还需要解决好活动开启装置、固定架体装置和感应接收装置的质量控制"三个重点需要解决的问题和"设置带弧度且开槽的刀片、使用定制好的连接件架体、低压光学感应接收器的安装"三个对策列入对策表中。

改进建议：一是统计工具应用偏少；二是现场试验数据不足。

案例与点评二

《高炉冷却壁单体试压管口连接方法创新》的提出方案并确定最佳方案

1. 提出方案

×年×月×日，QC 小组组长×××组织小组成员围绕课题，通过"头脑风暴法"集思广益，对管口连接新方法进行讨论。归纳提出三个方案：

方案一：金属管口外插橡胶软管捆扎连接法。

方案二：金属管口快速卡箍连接法。

方案三：金属管口内插橡胶软管内胀连接法。

同时小组成员对这三种管口连接方法进行分析、评价和比较。

（1）方案一：金属管口外插橡胶软管捆扎连接法

首先将配套规格的橡胶软管插入钢管口约 100mm 左右，然后用绑扎钢丝或铁丝捆绑牢固。试压后解开，拔出软管，再循环使用于其余管口。

（2）方案二：金属管口快速卡箍连接法

首先在管口端头上用开槽机进行开槽，然后将钢管接头用卡箍进行连接紧固，试压后解开卡箍，再循环使用。

（3）方案三：金属管口内插橡胶软管内胀连接法

采用橡胶短管内套空心螺杆，外与冷却壁钢管内壁接触，通过拧紧螺母，轴向压缩橡胶短管，使橡胶短管径向膨胀与冷却设备管口内壁产生足够摩擦力，实现密封连接。接头之间用钢管或高压软管连接，实现冷却设备间管口串联，试压完成后可继续重复使用于下一管口。

2. 选定方案

QC 小组成员从多角度、多方位考虑，并于×年×月×日由小组组长×××带领小组成员在现场进行了理论设计及实验，并对以上三种方案进行对比，评分标准表，方案评估对比表见表 4-7、表 4-8。

通过对三种方案的分析、评估（表 4-9），确定方案三"金属管口内插橡胶软管内胀连接法"为最佳方案。

评 分 标 准 表 表 4-7

很差	差	一般	好	很好
1	2	3	4	5

方案进行评估对比表 表 4-8

类型	分析方案	评估方案					得分	选定
		工期方面	操作难易	成本节约	效果确定	对其他影响		
方案一	接口简单，工期容易保证，成本较低，管口接头容易脱落出现漏水	3	4	4	2	2	15	不选
方案二	连接牢固，工序多，需到专业厂家定做卡箍	2	3	2	3	2	12	不选
方案三	连接速度快，接口连接操作简单，接头可多次重复使用	5	5	4	4	4	22	选定

制表人：××× 制表日期：×年×月×日

对 比 分 析 表 表 4-9

项 目	优 点	缺 点	结论
方案一：金属软管外插橡胶软管捆扎连接法	插入式接口简单，无需加工接头，工期容易保证，成本较低	接头漏水现象严重，压力不稳定，相应规格软管采购困难，试验压力至 0.6MPa 后，管口接头容易脱落，且绑扎丝无法重复使用、绑扎操作时间较长、需多道绑扎	不选择
方案二：金属管口快速卡箍连接法	连接牢固，管口不容易渗漏，安全系数高	工序多，需在管口近处外壁周圈开槽，成本高，通用性差，需到专业厂家定做卡箍	不选择
方案三：金属管口内插橡胶软管内胀连接法	连接速度快，可自行加工连接件，可市场采购标准橡胶软管或 O 型密封圈，接口连接操作简单、连接时间短、连接件可多次重复使用	连接时，螺杆紧固力不容易掌握，试压时，接头容易蹦出，螺杆密封处容易漏水	选择

制表人：××× 制表日期：×年×月×日

3. 方案实施中必须研究解决的问题

采用评价分析法，预测分析出以下几方面的问题，见表 4-10。

方案实施中必须研究解决的问题   表 4-10

序号	预 测 问 题	造 成 后 果
1	空心螺杆螺纹接口密封不好	接头处漏水，试验压力不稳，需要重新组装连接件，造成试压时间延长
2	螺母拧紧力不够	连接件蹦出，容易伤人出现安全事故，需重新插入紧固，延长试压时间
3	冷却壁相邻管口尺寸偏差，造成试压组合件不能循环使用	试压组合连接件无法正常插入，需修改管接头之间连接钢管的尺寸，影响试压件的通用性和互换性

制表人：×××   制表日期：×年×月×日

以上三个问题是我们重点控制的内容。

案 例 点 评

本案例对提出的 3 个方案展开描述不够，也没有附金属管连接图，不能让人一目了然；对 3 个方案虽然按照优缺点给出了结论，但在方案比较时是采用评分法进行的，不符合要求。在选定可行方案后找出了实施中必须研究解决的问题，但没有再按重点、难点提出子方案，而是将预测问题直接列入对策表中，分析层次不够，选定出最佳方案证据不足；统计工具应用偏少。

4.5.4 本节统计工具运用

1. 亲和图

小组将提出的方案进行归纳整理，拟订出两大类、6 种方案，具体见亲和图 4-19。

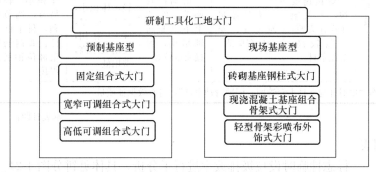

图 4-19　两大类、6 种方案"工具化工地大门"亲和图

制图人：××　　制图时间：×年×月×日

2. 系统图

小组将提出的方案进行归纳整理，拟订出以下 4 种方案，见图 4-20。

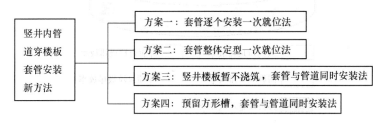

图 4-20　拟订方案

制图人：××　　　　制图时间：×年×月×日

3. 调查表

小组成员将 3 种方案按照工期、安全、质量、成本、可操作性等方面进行了分析和讨论，通过 3 个方案间的比较，选出最佳方案，见表 4-11。

各方案的分析、评价表 表 4-11

序号	方案	分析与评估					结论
		工 效	安全性	质量保证	施工成本	施工可操作性	
1	单导柱焊接夹具滑动导柱套管	工人施工操作方便，焊接速度快，生产效率有保证	上夹钳稳固不足，安全性一般	上夹钳稳固不足，在焊接超长钢筋时，施工精度难有保证	使用效率低，易损坏，成本费用高	操作面小，体积小，轻便易拿，但调节功能不便利	不选
2	杠杆式单导柱焊接夹具滑动上夹钳	操作不大方便，焊接速度较慢	夹具控制刚度不足，安全性一般	用操作杠杆直接控制上夹钳，不够稳固，影响接头焊接质量	使用效率低，易损坏，成本费用高	操作面小，体积小，轻便易拿，但调节功能不便利	不选
3	单滑杆与夹具主套管圆心同轴滑动滑杆	焊接速度快，工人施工操作方便，工效较高，节能节材	夹具控制刚度足，安全性有保证	滑动控制调节，保证上下钢筋同轴精确，焊接质量较好	钢杆材料轻，体积小，轻便易拿，坚固耐用，使用效率高，费用低	操作面小，体积小，轻便易拿，调节便利，利于框架柱、墙钢筋密集部位钢筋的焊接	选用
结论	选用方案"单滑杆与夹具主套管圆心同轴滑动滑杆"，可有效保证质量						

分析评价人：×××、×××、×× 制表日期：×年×月×日

4. 简易图表

小组对×××标志性临时设垃圾排放率进行了分析，具体见饼分图 4-21。

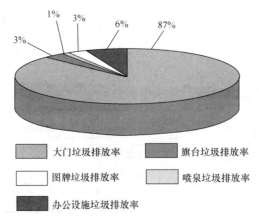

图 4-21 ××××标志性临设垃圾排放率分析饼分图
制图人：××× 制图时间：×年×月×日

4.6 制定对策

4.6.1 编写内容

制定对策表是为了指导具体的实施，因此"创新型"课题的对策表不能只针对选定的方案笼统地制定，应将选定的最佳方案具体化。

（1）在具体制定对策前，先要将选定的准备实施的最佳方案具体化。一种方法是运用流程图描述该方案实施的具体步骤；另一种方法是运用 PDCA 法描述该方案实施的具体步骤，并预测每一步实施时可能遇到的问题及其对策，以保证该方案顺利实施下去；还有一种方法是用系统图按手段（或要素）展开型将该方案具体化。每个 QC 小组可根据自己的需要和习惯选择其中方法，也可以应用其他更有效的方法。但是，必须将选择的最佳方案进行分解，将具体的子方案或项目列入对策表中。

（2）对策表须按"5W1H"的表头设计来制定，见表 4-12。根据分解的具体方案或子方案，确定"方案或项目"栏；"对策"一栏，应对照"方案或项目"逐项列出解决方法；"目标"一栏，则应是每项对策所要达到的量值，目标要尽可能量化，如果是定性的目标，也应该用间接定量的方法进行转化；"措施"一栏则是指每一对策要求具体怎样实现，它是对策的具体展开，做到：一是措施必须与对策相对应；二是措施要有具体的步骤，以指导实施。其他项与"问题解决型"课题的对策表要求相同。

创新型课题对策表栏目表　　　　　　　　　　　　　　　　表 4-12

序号	方案 或项目	对策 What	目标 Why	措施 How	地点 Where	时间 When	负责人 Who
1							
2							
...							

4.6.2 注意事项

（1）要针对确定的最佳方案，分解出实施程序步骤。所有方案的比选都应在提出方案并确定最佳方案中完成，在制定对策时不能再进行方案选择。如果在制定对策时仍进行方案选择，则说明在提出方案并确定最佳方案步骤中方案选择不彻底，未能满足要求。

（2）要按提出方案并确定最佳方案分解的实施步骤逐一制定对策。

（3）对策措施制定不得笼统，要具体，要针对具体对策制定措施。制定的措施，要体现出创新的特点，同时对策目标要可检查。

（4）要针对对策逐项制定目标，并且目标要量化。

（5）对策应有效，要由全体成员去做。

（6）选用对策应具备可实施性，小组成员应能够控制；高投入，高难度，违反国家法律、法规的不宜采用。

（7）不宜采用临时性、应急性对策。

（8）尽量采用以小组成员自身能力可以实现的对策。

（9）将对策内容和措施内容分开制订。

（10）对策表简单，实施要写详细；对策表复杂，实施可简单。

（11）不要为外人制订措施。

（12）采用对策表，制定实施计划，应将原问题解决型的"要因"栏改为"方案或项目"栏。

4.6.3 案例与点评

《研制工具化工地大门》的对策表

×年×月初，本小组运用"头脑风暴法"反复论证，确定了五大部件或项目的实施步骤，即：（1）基座，（2）柱骨架，（3）外饰，（4）门扇，（5）优质。对策评价选择表见表 4-13、表 4-14。

对策评价选择表（一） 表 4-13

部件或项目	序号	项 目		对策分析	比较对策	制作时间（d）	经济性（元）	确定对策
基座	对策一	全钢制		造价高，并且无法固定在地面上	对策四与对策五比较，对策四造价相对较低，并且可达到同样的效果	×	×	
	对策二	现浇混凝土底座		不可重复利用，产生大量垃圾		×	×	
	对策三	预制钢架底座		自身不稳定，并且无法固定在地面上		×	×	
	对策四	角钢加混凝土底座		可搬运，一次制作可循环利用		×	×	√
	对策五	型钢加混凝土底座		可搬运，一次制作可循环利用		×	×	
柱骨架	对策一	角钢		易变形，稳固性不好	对策三的（1）项对策一、二：稳固性好，且易于外装饰的操作，且柱角坚固	×	×	√
	对策二	圆架管		外装饰时需要增加的附件较多		×	×	
	对策三	方管加内角钢	（1）柱主骨架外置	钢柱刚度好，柱角不易破损		×	×	
			（2）柱主骨架内置	柱角瓷片易受撞破损				

制表人：××× 制表日期：×年×月×日

对策评价选择表（二）   表 4-14

部件或项目	序号	项目	对策分析	比较对策	制作时间 (d)	经济性 (元)	确定对策
外饰	对策一	水泥板加涂料	水泥板预制时间较长，涂料遇水易膨胀	对策三比其他对策：综合了板材和石材的优点，且铝塑板我们用203工地外饰下角料，不用购买	×	×	
	对策二	水泥板外贴装饰布	水泥板预制时间较长，板布不可重复利用		×	×	
	对策三	铝塑板贴劈离砖	质地相对较轻，美观耐用		×	×	√
	对策四	仿洞石干挂	价格昂贵，破损后损失较大		×	×	
	对策五	印度红石材干挂	价格昂贵，破损修补后色差大		×	×	
	对策六	铝塑板干挂	刚度不够，破损不易修复		×	×	
门扇	对策一	可调式门扇门轴	根据场地实际情况，在一定范围内可自行调节大门的高、宽	对策一比对策二：可自行调节，实用性较强	×	×	√
	对策二	固定式门扇门轴	大门在制作完毕后，高、宽再无法调节		×	×	
优质	对策一	采用国标材料制作	大门制作完成后，整体安全稳固，使用寿命长	对策一比对策二：更具安全性、耐久性			√
	对策二	采用非标材料制作	大门制作完成后，易出现不安全和破损问题				

制表人：×××   制表时间：×年×月×日

针对以上问题，我们制定了相应的对策并绘制了对策表，见表 4-15。

对 策 表   表 4-15

序号	项目	对策 What	目标 Why	措施 How	完成地点 Where	完成时间 When	完成人 Who
1	基座	使用组装可拆、卸式基座	无机械情况下可人工搬运	（1）通过计算，将基座分成4块 （2）基座留孔及预埋 （3）C30混凝土浇筑	××	×年×月×日	×××

续表

序号	项目	对策 What	目标 Why	措施 How	完成 地点 Where	完成时间 When	完成人 Who
2	柱骨架	使用组合式骨架	熟练普工可在 2h 内安装或拆完	(1) 组装式柱架 (2) 组装式柱帽 (3) 柱主架与基座组装	×××	×年×月×日	××
3	外饰	使用方便拆装的组合外饰	2h 内组装完毕且达到精装修效果	(1) 铝塑板上贴劈离砖,分成 610×320 的块料面层; (2) 喷漆	××	×年×月×日	××
4	门扇	设置可调式门扇门轴	高低可调250mm,宽窄可调 300×2=600mm	在基座和柱骨架上设置滑动式轴套(架)和升降轴架,门扇宽窄可调	××	×年×月×日	×××

制表人：×××　　　　　　　　　　　　　　　　制表时间：×年×月×日

案 例 点 评

本案例对策表从对策评价选择表分析,针对五个项目分别分析对策,选择最佳对策,详细具体;本对策表按照"5W1H"的表头制定,并针对选择对策分别制定措施,且目标尽可能量化。

案例与点评二

《地铁暗挖施工起重机速度性能的研制》的对策表

小组制定了《地铁暗挖施工起重机速度性能的研制》对策表,见表 4-16。

对 策 表　　　　　　　　　　　　表 4-16

序号	对 策	目 标	措 施	完成时间	负责人
1	对地铁施工的桥式起重机全面了解以及塔式起重机性能了解	掌握桥式起重机抓斗开闭和起升工作原理,掌握副钩起重机的工作原理	(1) 总结过去使用过的塔式起重机和地铁大兴线起重设备的优缺点 (2) 到正在施工的地铁暗挖车站学习了解起重机性能	×年×月～ ×年×月	×××
2	桥式起重机抓斗开闭和起升限位改进	把抓斗的开闭和起升的重锤限位——机械冲击行程开关限位改装稳定的限位装置	把抓斗撞击起升高度行程开关改装为控制抓斗开闭和起升卷头转速的 DXZ 多功能行程限位器	×年×月～ ×年×月	××× ×××

续表

序号	对 策	目 标	措 施	完成时间	负责人
3	把副钩的起升速度提高	利用已了解的塔式起重机的起吊重物原理，把副钩起升速度提高大于14m/min	把副钩同样改成卷扬机，竖井深卷筒较长，制动困难，采用液压双制动	×年×月～×年×月	××× ×××
4	把副钩起升高度限位改进	把副钩起升高度限位改进为稳定的限位装置	副钩的起升高度限位改装成控制卷筒的DXZ多功能限位器	×年×月～×年×月	××× ×××
5	副钩速度提高了，吊装重物时在起升、停止时冲击惯性较大，有安全隐患	把副钩提高的速度在起吊重物时起、停冲击改变匀减速停和匀加速升，消除安全隐患	副钩增加变频器来改变速度高的起、停缺陷	×年×月～×年×月	××× ×××

案 例 点 评

本案例对策表制定笼统，"5W1H"不全，无完成地点，内容不具体，实施起来比较困难；确定方案后未将细化的方案列入对策表的项目（方案）中；子项的目标量化不够。

4.6.4 本节统计工具运用

本章统计工具优先选用 PDPC 法、头脑风暴法、正交试验设计法及图片法；也可使用调查法、分层法、直方图、控制图、散布图、网络图、流程图、简易图表及过程能力法；有时也使用系统图、矩阵图。

4.7 对策实施

4.7.1 编写内容

将对策中的每一项措施付诸实施是 QC 小组完成课题的主要活动内容。在实施过程中如遇到困难无法进行时，应及时由小组成员进行讨论，如果确实无法克服，可以修订对策计划，再按新对策实施。每条对策实施完毕，要再次收集数据，与对策表中的预定目标和对策项目比较以检查对策是否已彻底实施并达到了要求。

4.7.2 注意事项

（1）按对策计划中的项目，逐项介绍实施的主要活动、实施后的效果及与预定对策目标比较的结果。

（2）介绍实施的主要活动时，应该突出做法和创新方法，用文字、数据和图表介绍，体现图文并茂。

（3）如实施进行不下去，应及时修改对策。主要解决小组自己的问题，通过活动去解决别人的问题不妥。

（4）在组织外部发表时，对涉及技术机密的内容应注意保密，不得泄露以避免给企业造成不应有的损失。

（5）整理成果报告时应多用统计工具及图表，少用文字叙述，防止长篇大论的文字介绍。

（6）在"创新型"课题的实施对策阶段，可能需要做的试验较多，要认真做好实施情况记录，包括有关的试验数据。

4.7.3 案例与点评

《72m 高空大悬挑结构高架模板型钢桁架支撑的设计与应用》的对策实施

实施一：方案优化（由×××负责实施、检查，×××复核）

考虑型钢桁架制作费用较大，一次性摊销，不能重复周转，为降低施工成本，在满足模板支撑受力要求的前提下，将型钢桁架与型钢悬挑梁交错布置：

（1）沿建筑物纵向按间距 1800mm 布设[16 槽钢悬挑梁（$L=6000$mm，悬挑长度 4.0m，锚固长度 2.0m），用以搭设屋面悬挑板模板支架。[16 槽钢悬挑梁下侧设一道 [12.6 槽钢斜支杆，内侧支点距离墙体为 3.40m，下端支承于 13 层（+52.00m）边框梁外侧；斜支杆与水平面夹角为 49.6°，如图 4-22 所示。

（2）沿建筑物纵向按间距 1800mm 交错布设 I16 工字钢悬挑梁（$L=6000$mm，悬挑长度 4.9m，锚固长度 1.1m），用以搭设屋面悬挑梁板模板支架和悬挑外脚手架，如图 4-23 所示。

空中花园部位 I16 工字钢悬挑梁用 $\phi16$ 圆钢锚固于 14 层（+56.0m）楼面，水平钢梁下侧采用两道[12.6 槽钢斜支杆，内侧支点距外墙 2.40m，下端支承于 13 层（+52.00m）边框梁外侧；外侧支点距外墙 4.80m，下端支承于 12 层（+48.00m）边框梁外侧，两道斜支杆与水平面的夹角均为 59°，如图 4-24 所示。

阶段性实施效果检查：通过对施工方案的优化，在保证方案安全可靠的前提下，将型钢桁架与型钢悬挑梁交错布置，减少型钢桁架 50% 的用量，降低施工成本 4.876 万元，提高了方案的经济合理性。

实施二：型钢桁架支撑的设计与验证（由×××实施，××检查，×××复核）

1. 屋面悬挑框架梁模板立杆荷载计算

屋面悬挑框架梁 WKL-6（1B）截面尺寸 $b×h=650$mm$×1000$mm，梁跨度方向模板支撑立杆间距 $l_a=900$mm，梁两侧立柱间距 $l_b=1000$mm，梁底居中增加 1 根立杆，梁底支撑次楞 5 根，立杆步距 $h=1500$mm，立杆计算简图如图 4-25 所示。

根据《建筑施工模板安全技术规范》JGJ 162—2008 公式（5.2.5-14）：

$$N_w = 0.9×\left(1.2\sum_{i=1}^n N_{Gik} + 0.9×1.4\sum_{i=1}^n N_{Qik}\right)$$

计算：$N_{wmax}=17.042$kN

2. 悬挑外脚手架立杆荷载计算

作用于脚手架的荷载包括静荷载、活荷载和风荷载，经计算得到：

静荷载标准值：$N_G=6.5$kN；

活荷载标准值：$N_Q=2×0.9×1.8×2/2=3.24$kN；

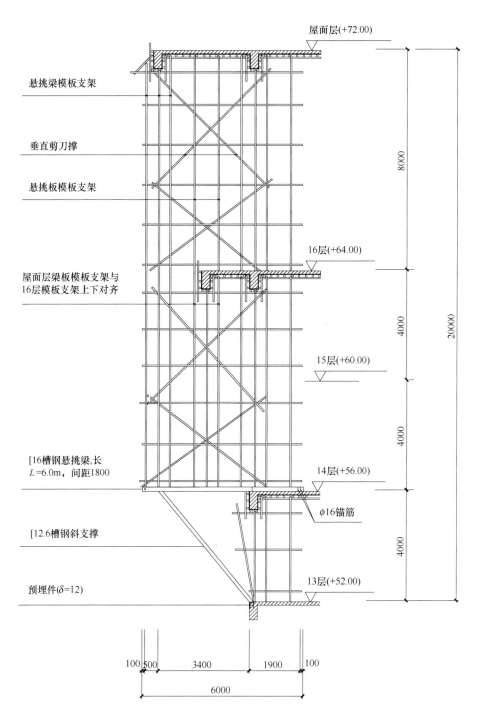

图 4-22 南侧悬挑板模板支撑剖面图

制图人：×××　　　制图日期：×年×月×日

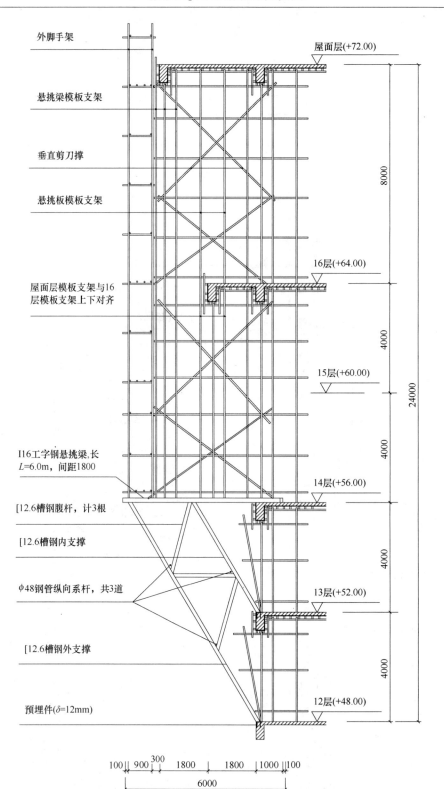

外脚手架

悬挑梁模板支架

垂直剪刀撑

悬挑板模板支架

屋面层模板支架与16
层模板支架上下对齐

I16工字钢悬挑梁,长
L=6.0m，间距1800

[12.6槽钢腹杆，计3根

[12.6槽钢内支撑

ϕ48钢管纵向系杆，共3道

[12.6槽钢外支撑

预埋件(δ=12mm)

屋面层(+72.00)

16层(+64.00)

15层(+60.00)

14层(+56.00)

13层(+52.00)

12层(+48.00)

8000

4000

4000

4000

4000

24000

100 900 300 1800 1800 1000 100

6000

图 4-23 南侧悬挑梁板模板支撑、外脚手架剖面图

制图人：×××   制图日期：×年×月×日

108

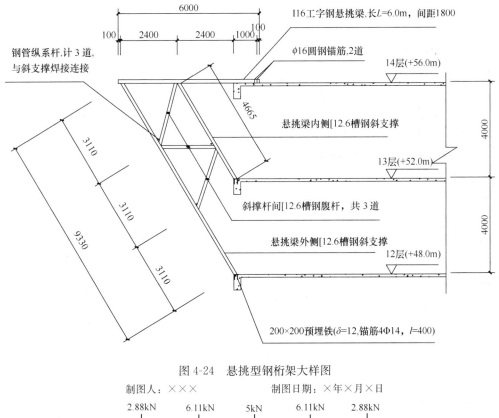

图 4-24　悬挑型钢桁架大样图

制图人：×××　　　　制图日期：×年×月×日

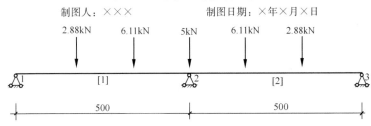

图 4-25　模板支撑立杆荷载计算简图

考虑风荷载时，立杆的轴向压力设计值为：$N = 1.2N_G + 0.85 \times 1.4N_Q = 11.655$kN；
不考虑风荷载时，立杆的轴向压力设计值为：$N' = 1.2N_G + 1.4N_Q = 12.336$kN。

3. 型钢桁架的计算

（1）主梁强度验算

$$q = 1.2 \times gk = 1.2 \times 0.205 = 0.25 \text{kN/m}$$

悬挑梁计算简图如图 4-26 所示。

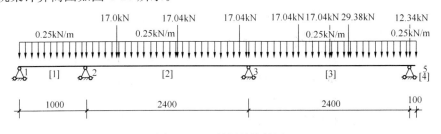

图 4-26　悬挑梁计算简图

$$\sigma_{max} = M_{max}/W = 155.6N/mm^2 \leqslant [f] = 205N/mm^2$$

（2）抗剪验算

$$\tau_{max} = Q_{max}/(8I_z\delta)[bh_0^2 - (b-\delta)h^2] = 47.14N/mm^2 \leqslant [\tau] = 170N/mm^2$$

（3）挠度验算

$$\nu_{max} = 4.24mm \leqslant [\nu] = 2 \times l_a/400 = 24.5mm$$

（4）支座反力计算

$R_1 = -3.12kN$，$R_2 = 19.19kN$，$R_3 = 75.78kN$，$R_4 = 36.54kN$。

（5）悬挑主梁整体稳定性验算

主梁轴向力：$N = [(N_{XZ1} + N_{XZ2})]/n_z = [(45.47 + 21.92)]/1 = 67.39kN$；

压弯构件强度：

$$\sigma_{max} = M_{max}/(\gamma W) + N/A$$
$$= 21.94 \times 10^6/(1.05 \times 141 \times 10^3) + 67.39 \times 10^3/2610$$
$$= 174.01N/mm^2 \leqslant [f] = 205N/mm^2$$

根据《钢结构设计规范》（GB 50017）附表 B，得到 ϕ_b 值为 0.97。

$$\sigma = M_{max}/(\phi_b W_x)$$
$$= 21.94 \times 10^6/(0.97 \times 141 \times 10^3)$$
$$= 160.53N/mm^2 \leqslant [f] = 205N/mm^2$$

（6）下撑杆件验算

下撑杆件的最大轴向拉力：$N_X = 88.38kN$；

下撑杆长细比：$\lambda_1 = L_{01}/i = 4664.76/49.5 = 94.24$。

轴心受压稳定性计算：

$\sigma_1 = N_{X1}/(\phi_1 A) = 88376.17/(0.594 \times 1569) = 94.83N/mm^2 \leqslant f = 205N/mm^2$

$\sigma_2 = N_{X2}/(\phi_2 A) = 42608.94/(0.207 \times 1569) = 131.19N/mm^2 \leqslant f = 205N/mm^2$

根据公式：$[(\sigma_f/\beta_f)^2 + \tau_f^2]^{0.5} \leqslant f_{tw}$ 验算直角角焊缝强度，则：

$$[(56.33/1.22)^2 + 45.47^2]^{0.5} = 64.80N/mm^2 < f_{tw} = 160N/mm^2$$

（7）锚固段与楼板连接计算

锚固压点压环钢筋直径 16mm，锚固点压环钢筋受力：$N = 3.12kN$；

压环钢筋验算：$\sigma = N/(2A) = 7.75N/mm^2 \leqslant [f] = 50N/mm^2$。

4. 荷载试验

在型钢桁架搭设完成后，在模板支架搭设前，为验证理论计算的可靠性，对型钢桁架进行了荷载试验。堆载采用现场钢筋原材，根据计算确定的模板支撑和脚手架立杆的计算荷载乘以 2 倍安全系数折算成单平方荷载 57.4kN/m²。加载前后在型钢桁架平台上共设置 20 个变形观测点，在 14 层（+56.00）架水平仪进行支撑架体的变形监测，堆载试验持续 4h，最大沉降量 5mm，架体稳定性较好。

阶段性实施效果检查：经过理论计算，型钢桁架的强度、刚度、稳定性及与楼板的锚固力均满足要求。经堆载试验验证，型钢桁架悬挑梁的最大沉降量仅 5mm，有效地保证型钢桁架悬挑梁的受力要求。

实施三：加强模板支撑体系构造措施（由×××负责实施，×××检查，××复核）

连墙件、水平杆、剪刀撑等构造措施的设置，是保证模板支撑体系整体稳定性的必要措施。

（1）型钢桁架制作时，杆件与杆件、斜撑支杆与楼面预埋件的焊接应焊缝饱满、焊接牢固，焊缝高度不得小于 6mm，如图 4-27、图 4-28 所示。

图 4-27　型钢桁架的制作　　　　　　图 4-28　型钢桁架斜撑杆与预埋件的焊接

（2）为增加型钢桁架平面外的刚度，型钢桁架安装时，在与 2 道斜撑杆垂直方向设置 3 道通长 $\phi 48$ 钢管纵向系杆，如图 4-29 所示。

（3）悬挑梁采用直径 $d = 16mm$ 的 HPB235 钢筋锚固，埋入混凝土中的锚固长度 $\geq 30d$。

（4）外脚手架连墙件按两步一跨设置，竖向间距按层高 4.0m 每层设置，水平间距 1.8m，与模板支架连为一体或与主体结构上预埋的拉结点采用双扣件连接。

（5）沿模板支架外围、中间在框架梁下均设置垂直剪刀撑；在模板支架顶部、底部及中间每隔 8.0m 设置一道水平剪刀撑。纵横向水平拉杆、剪刀撑等杆件垂直偏差、水平偏差应满足方案和规范要求。

图 4-29　型钢桁架纵向系杆的设置

（6）高支模区域柱模板搭设完毕经验收合格后，先浇捣柱混凝土，然后再绑扎梁板钢筋，将梁板支架按水平间距 6～9m、竖向间距 2～3m 与建筑结构拉结，以增强梁板支架的整体稳定性。经项目部和监理对型钢桁架和模板支架验收合格后方可浇捣梁板混凝土，梁板混凝土浇筑时按梁中间向两端对称推进浇捣。

阶段性实施效果检查：通过型钢桁架纵向系杆的设置、与楼面的有效锚固以及模板支撑体系连墙件、水平杆、剪刀撑等构造措施的设置，在屋面层梁板混凝土浇筑结束后，经现场实测，支架的最大轴向压缩变形和支架的最大侧向挠度分别为 5mm、4mm，有效地保证了模板支撑体系的整体稳定性。

实施四：楼面结构性裂缝的预防（由××实施，××检查，×××复核）

（1）悬挑梁板模板支架和外脚手架的悬挑梁应在混凝土强度达到 10MPa 后进行安装，在混凝土强度达到 20MPa 后才能开始悬挑梁板模板支架和外脚手架的搭设。

（2）16 层部分模板支架立杆搭设在 1.8m 悬挑梁板上，上下层的立杆应在同一垂直线上，设置底座和垫板，将竖向荷载有效传递至型钢悬挑梁。

（3）作业层操作面上的施工荷载不得超过 $3.0kN/m^2$，外脚手架上不许超过 2 层作业；不得将缆风绳、泵送混凝土的输送管等固定在模板支架上。

（4）14 层以下 2 层模板支架在屋面层混凝土浇筑前不得拆除。

阶段性实施效果检查：通过对悬挑梁板模板支撑搭设方法、悬挑梁安装混凝土强度和梁板支撑拆模时间的控制，力求梁板模板支撑轴心受力，控制了现浇梁板结构的加载时间和加载量。在模板拆除后，经仔细检查未发现有现浇梁板结构性裂缝的产生。

案 例 点 评

本案例对策实施详尽具体，把每个操作步骤描写详细，并能穿插图片，做到图文并茂；在阶段性实施效果检查时统计工具运用较少。

4.7.4 本节统计工具运用

本章统计工具运用优先选用 PDPC 法、头脑风暴法、正交试验设计法及图片法；也可使用调查法、分层法、直方图、控制图、散布图、网络图、流程图、简易图表及过程能力法；有时也使用系统图、矩阵图。

4.8 效果检查

4.8.1 编写内容

对策表中所有的对策全部实施完成，所有方案都得到解决后，要从实施的结果中收集数据，并检查其取得的效果。效果检查的主要内容如下。

（1）检查对比活动前后主要问题的变化情况。即将对策实施后的数据与对策实施前现状的数据以及小组制定的目标值进行比较，检查课题的主要问题是否得到解决，设定的目标值是否达到。

（2）检查对比对策措施实施的变化情况，即将对策实施后的数据与对策中的目标进行比较，检查方案或项目是得到解决，设定的分目标值是否达到。

（3）经检查实施效果，若达到了小组制定的目标则转入下一个步骤，若未达到预定的目标，说明问题没有得到彻底解决，应返回到"提出方案并确定最佳方案"程序，直到问题彻底解决。

（4）其他相关指标变化情况的检查，如经济效益、社会效益等。这些相关的指标可能有：

1）与产品质量水平有关的指标

①产品技术水平达到的指标，如性能、精度、寿命、可靠性、噪声等；

②产品质量综合性、稳定性质量指标，如合格率、等级品率、C_p 值等；

③产品市场占有率指标，如产品的市场占有率、产品的市场销售区域的扩大。

2）与产品质量直接有关的经济效益指标

如废品率、返修频率、返工率、装配一次合格率、"三包"费用、索赔费用等。

3）与企业综合经济效益有关的指标

如产量、利润、税金、劳动生产率、材料单耗、单位产品工时定额、流动资金占用额等。

4）社会效益有关的指标

通过产品质量、服务质量、工程质量的改进，给企业、顾客、社会带来的经济效益和社会经济指标，可根据各行业的规定选取。

①产品使用寿命的延长为用户节约的效益；

②可靠性提高，使用户减少维修及停机时间、提高设备利用率、降低产品的使用成本等为用户创造的经济效益；

③产品效率的提高、降低原材料消耗定额或使用廉价原材料带来的节约、提高原材料利用率的节约、降低燃料动力消耗的节约、减少试验检验费用的节约等为用户提高的经济效益；

④产品性能的提高（如生产能力的提高）、工程安全可靠性的提高、延长建筑使用寿命、减少维修、工期的提前等，可使用户在同样时间内提高产量或获取的经济效益；

⑤产品出口创汇额的增加，为国家增加的外汇；

⑥顾客满意率、顾客满意度、顾客意见的变化情况等。

4.8.2 注意事项

（1）检查效果要程序清楚、重点突出；

（2）说明效果要以实施后的数据和事实为依据；

（3）经济效益的计算要有计算依据；

（4）社会效益要有权威部门的证明。这里请注意创新型的课题不一定都有经济效益。

4.8.3 案例与点评

《建筑楼层施工防护门自动开闭装置的研制》的效果检查

1. 运行效果

×年×月×日，小组成员对已安装完毕的建筑楼层施工防护门自动开闭装置进行了全面运行检查。

针对目前国内无施工防护门自动感应开闭装置安装质量验收标准，我们根据江苏省发布的《建筑工程施工机械安装质量检验规程》DGJ 32/J65—2008、《江苏省建筑施工安全质量标准化管理标准》DGJ 32/J66—2008 和住房和城乡建设部发布的《建筑工程施工质量验收统一标准》GB 50300 制定了《建筑施工防护门自动开闭装置安装》的验收标准，见表4-17。

《建筑施工防护门自动开闭装置安装》的验收标准　　　　表4-17

序号	检 查 项 目	验收标准	检验方法
		允许偏差（≤）	
1	安装水平度	2mm	水平仪
2	卡片刀与角钢垂直度	2mm	激光经纬仪
3	卡片刀弧度	1mm	半径规
4	卡片刀尺寸制作偏差	3mm	钢板尺
5	电磁开关安装位置偏差	1mm	钢板尺
6	弹簧弹力	1N	弹簧测力计
7	感应器安装偏差	20mm	卷尺

制表人：×××　　　　　　　检测人：×××、××　　　　　　　制表日期：×年×月×日

经过来回 100 次的运行检验,防护门自动启闭灵活,开启平稳,达到了设计的预定值。研制楼层自动启闭装置 1 次安装成功,可以投入正式使用。7 栋高层防护门自动开闭装置验收实测表见表 4-18。

7 栋高层防护门自动开闭装置验收实测表 表 4-18

序号	检查项目	验收标准	实测数据(100 点)	与标准对比
		允许偏差(≤)	平均值	
1	安装水平度	2mm	1.87mm	满足
2	卡片刀与角钢垂直度	2mm	1.92mm	满足
3	卡片刀弧度	1mm	0.99mm	满足
4	卡片刀尺寸制作偏差	3mm	2.87mm	满足
5	电磁开关安装位置偏差	1mm	1mm	满足
6	弹簧弹力	1N	1N	满足
7	感应器安装偏差	20mm	18.5mm	满足

制表人:×××　　　　检测人:××、×××　　　　制表日期:×年×月×日

2. 活动目标检查

在运行了半年后,×年×月×日,我们对创新研制的楼层防护门自动开闭装置使用情况进行了确认,其活动目标完成情况取得以下效果:

(1)防护门自动开闭时间:安装了自动启闭装置后,电梯到达所在楼层后,防护门能自动开启,电梯离开该楼层时,防护门能自动关闭,电梯上下经过不需停留的楼层时,防护门完全处于常闭状态。全面实现了开闭时间控制在 10s 以内(电磁锁门器在设定运行 10s 后断电闭合)目标值,见表 4-19。

活动目标检查数据 表 4-19

名称	控制标准	1 栋 18 层	2 栋 18 层	3 栋 18 层	4 栋 18 层	5 栋 18 层	6 栋 18 层	7 栋 18 层	备注
开闭时间	控制在 10s 以内	平均 9.6s	平均 9.9s	平均 9.3s	平均 9.5s	平均 10s	平均 9.8s	平均 9.1s	每层按 2 个门检测
断电闭合时间	设定运行 10s	10s	10s	10s	10s	10s	10s	10s	每层按 2 个门检测

制表人:×××　　　　核对人:×××　　　　制表日期:×年×月×日

(2)我们研制的自动开闭装置,制作简单,在原有的防护门基础上增加了一套启闭装置,单扇门的费用增加不足 600 元,而且装拆方便可重复使用,很适合现行工地制作安装。具体成本费用如下:

1)活动开启装置卡片刀锁合器由卡片刀、角钢、自制弹簧、限位钢筋组成,此方案增加的费用为 150 元/组。

2)固定架体装置增加的费用计算包括刷油漆为 160 元/组。

3)感应接收装置增加的费用计算为 150 元/组。

每个楼层门(按 2 个门计算)安装费用:材料(300+300+320)+人工(200)=1120 元 <600 元/单扇门×2=1200 元。

经济效益分析:因装置缩短开闭时间,每月可节省 2～3d。施工电梯使用总工期为 10

个月，共可节约 20d，提高了工作效率。经核算，减少施工人员工资费用 100 人×20 工日×200 元/工日×30%（工作效率）=12 万元。按装置周转 3 次计算，1120×18×7=14.11 万元/3=4.7 万元+损耗 2 万元=6.7 万元，节约费用：12-6.7=5.3 万元。见目标值完成情况对比图 4-30。

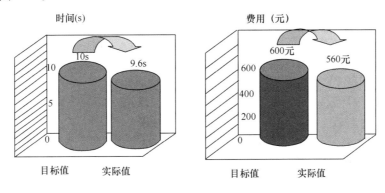

图 4-30　目标值完成情况对比柱状图
制图人：×××　　　　制图日期：×年×月×日

（3）由于安装了自动启闭装置，楼层防护门与电梯联动，实现了防护门启闭自动化，完全不用人来操作，消除了诸多人为的不安全因素，确保了施工安全。

（4）通过 QC 小组活动，为公司及项目部培养了一批敢于创新的技术骨干，同时也培养了一支技术力量过硬的施工队伍，为本工程创建奠定了基础。

（5）社会效益：通过建筑机械设备在垂直运输中的惯性和红外感应功能，使防护门上框关闭时自动锁合，人员需要乘坐施工电梯到达楼层位置时自动开启，使用方便，安全性能好，由此解决了高楼层的货物运输一般都是通过手动开启、操作不方便、不安全的难题。主要设备装置可重复使用，符合绿色建筑发展方向，推广应用前景甚广。

×年×月本工程获得了××级安全文明工地称号。

案 例 点 评

本案例效果检查具体、翔实，做到了用数据说话，用"验收标准"和"实测表"对"运行效果"阐述，用"目标检查表"对运行时间描述，用具体计算数据对经济效益分析；统计工具运用合理，并且经济、社会等项效益明显。

改进建议：应提供相应的证明文件。

4.8.4 本节统计工具运用

本节统计工具优先选用分层法、头脑风暴法、简易图表法、过程能力法、图片法；也可使用调查法、排列图、直方图、控制图、散布图、水平对比、流程图。

4.9 标准化

4.9.1 编写内容

（1）列入对策表中的措施，如果经过实施是有效的，应制定标准或制度，或对原来的制度或标准进行修订，并按照新的标准化、制度执行，便于巩固取得的成果及进行日常的管理。

（2）这里所说的标准化是广义的标准，它可以是技术标准、施工工法、管理制度；可以是施工图纸、施工方案、作业指导书、工艺文件，或管理制度（办法）等技术文件或管理文件等。

（3）如果这个"创新型"课题的成果具有推广价值，就应该制定标准，以便于推广。

（4）活动的效果要经过有关部门确认，就应该标准化。

（5）如果课题的成果具有推广价值，应介绍课题的推广前景。

（6）标准化的形成必须是根据列入对策表中的措施而制定，未列入对策表中的措施形成的标准化无效，且列入对策表的措施是经过实践检验可行而制定的。

4.9.2 注意事项

（1）因是创新成果，若为研制的新产品，要注意介绍编制企业产品标准的情况。

（2）介绍自主研制的新产品，可以介绍申请专利情况。

（3）标准化的形成应该是将对策表中的措施进行总结而成，在介绍标准化形成时应说明清楚。

（4）有的结果不一定很完美，可以是图纸、工艺卡片说明。

4.9.3 案例与点评

《工具化大门的研制》的标准化

1. 标准化及推广应用

×年×月，本小组用 CAD 制作了《工具化大门标准图 HD-2011-03》（图 4-31），经九

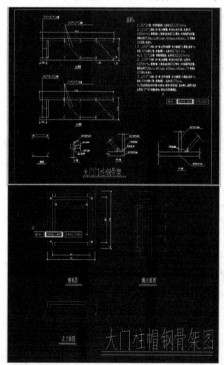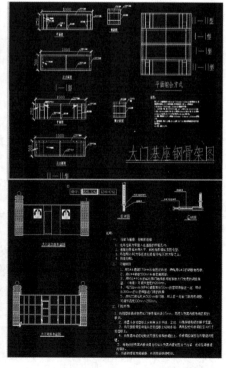

图 4-31　工具化大门标准 CAD 图

公司技术部、总工审核，做为九公司标准大门。×月×日，××公司下发 [2011] 026 号文件，将该成果做为××公司标准大门在全公司推广使用。该成果能在不同场地、空间的工地安装使用，可一变应万变，极具推广应用价值。

2. 编写施工工法

×年×月×日，本小组整理上报的《工具化工地大门》成果被纳入××公司企业工法（编号为：HDJT-GF-2012-01），并已上报省级和国家级工法。

标准化文件及省级工法申报资料的图片，此处略。

3. 申请国家专利

我公司《工具化工地大门》申请了实用新型专利，国家知识产权局目前已经受理，申请编号：××.×。

专利受理通知书图，此处略。

4. 效果再巩固

×年×月在铁投佳苑第 4 次安装了工具化大门（南大门）：骨架稳固、饰面完整美观、油漆完好、门柱与原墙紧贴，更加安全可靠，受到甲方、监理方和社会的广泛好评。

"减少垃圾排放"实施全过程对比图及"安装时间"实施全过程对比图见图 4-32、图 4-33。

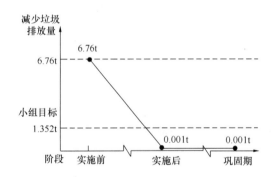

图 4-32 "减少垃圾排放"实施全过程对比折线图

制图人：×××　　制图时间：×年×月×日

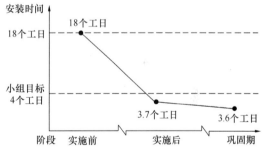

图 4-33 "安装时间"实施全过程对比折线图

制图人：×××　　制图时间：×年×月×日

××科学技术进步奖二等奖证明文件，此处略。

案 例 点 评

本案例成果标准化经公司技术部门确认，形成了企业工法，并申报省级、国家级工法，有相关文件；标准化的形成内容应与对策表中的措施相对应，这样才能说明该标准是由本活动成果转化而来的。

4.9.4 本节统计工具运用

本节统计工具优先选用分层法、简易图表法及图片法；也可使用调查法、过程能力法；有时也使用直方图、控制图。

4.10　总结与下一步打算

4.10.1　编写内容

1. 总结

总结是为了更好的发展，故要对 QC 活动进行进一步的总结。认真回顾活动全过程中的是非得失：

（1）解决了什么问题、同时还解决了哪些相关的问题，一般从专业技术、管理技术和小组综合素质等方面进行。

（2）活动程序和统计方法上有什么成功的经验和体会。

（3）总结无形成果（精神、意识、信心、知识、能力、团结）。

（4）小组活动全过程的总结评价。

2. 下一步打算

总结完成后要对下一步打算进行策划，选择新的活动方向和课题。

4.10.2　注意事项

（1）总结内容要图文并茂、翔实，真实反映专业技术、管理技术、小组综合素质方面的成绩和经验教训。

（2）总结与打算要保护和激励群众的参与性、主动性和创造性，对存在的问题不能求全责备，要肯定小组取得的成绩。

（3）在最初选择课题时，小组成员曾提出过可供选择的多个课题，除了已解决的课题外，在其余问题中还可以找出适合小组解决的问题作为下一次 QC 小组活动的课题。

（4）可以按 10 个活动步骤内容进行总结，主要优点、存在不足、今后努力的方向列成评价表，使人看了一目了然。

4.10.3　案例与点评

《竖挂陶板幕墙的研制与应用》的总结与下一步打算

1. 总结

（1）专业技术方面

小组成员通过 QC 活动，掌握竖挂陶板幕墙技术，拓展了个人的技术能力。

（2）经济效益方面

通过本次 QC 活动，我们也取得了一定的经济效益，一是有效缩短了工期 5d。二是通过陶板外观质量控制降低了材料的不合格率和损耗率，降低了约 2%，节省了 6500m^2×800 元/m^2×2%=56000 元；三是增加了材料检查费 2500 元/月/人×3 月=7500 元；四是增加了 QC 活动经费 3000 元，本次 QC 活动共节约成本 45500 元。

QC 成果经济证明略。

（3）社会效益方面

本工程作为我项目部及单位今年的重点工程，我们取得了竖挂陶板幕墙系统的成功经验。受到了业主、监理的一致好评，为企业赢得了声誉。经过本工程既有施工的成功经验，为以后类似项目的实施提供了宝贵的经验。本工程的成功施工，提升了企业的形象，树立了良好的口碑，为企业进一步开拓市场增加了影响力，在企业多元化发展的道路上起到了里程碑的作用。

（4）综合素质方面

在本次 QC 活动后，我们对小组活动全过程进行了总结和回顾。大家一致认为，在 QC 活动中，小组成员学习了全面质量的管理，通过 PDCA 循环，积累了处理新材料、新技术的方法，使个人能力得到进一步提高，增强了小组成员的团队意识、质量意识、问题意识、改进意识、参与意识和责任意识等。表 4-20 及图 4-34 给出了小组成员自我评价表及自我评价雷达图。

自 我 评 价 表   表 4-20

序号	评价内容	活动前（分）	活动后（分）
1	团队合作精神	2	4
2	质量控制意识	3	5
3	解决问题的信心	3	4
4	QC 工具运用技巧	1	4
5	管理水平	3	4
6	改进意识	2	5

制表人：×××   审核人：×××   制表日期：×年×月×日

2. 今后打算

我们 QC 小组的成果，经过现场施工实践，已经取得满意效果，受到各方关注及好评。小组成员将继续发挥攻坚克难的本领，发扬不怕苦累的精神，以科学的方法、实践的能力，开启知识的大门。将继续用辛勤的汗水、聪明的智慧破解工程中的一道道难关，为企业创造更高的效益，为行业留下宝贵的经验。

当前正处于工程建设的高峰期，越来越多的新技术将应用到其中，我们将以此次 QC 活动为契机，

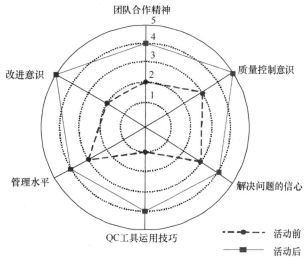

图 4-34 自我评价雷达图

制图人：××× 审核人：××× 制图日期：×年×月×日

继续发扬"创新性"QC 小组活动的宗旨，运用全新的思维和创新的方法探索和攻克新技术给施工带来的难题，提高企业的市场竞争力，并不断满足科技日新月异的变化，提高企业的经营绩效，创建更多更好的精品工程。

案 例 点 评

本案例能从专业技术、经济效益、社会效益和小组综合素质方面进行总结，客观、有数据和相关证明；通过总结的数据显示，能鼓舞士气、增强自信，体现了自我价值，提高了小组成员分析问题和解决问题的能力。

改进建议：对下一步选择的课题应进行评估选定。

4.10.4 本节统计工具运用

（1）使用雷达图（图 4-35）对小组本身的素质（管理意识、团队精神、解决问题的能力、工作主动性、协作能力等）进行评价，表 4-21 给出了小组综合自我评价。

综合自我评价表   表 4-21

项　　目	自 我 评 价		
	活动前（分）	活动后（分）	活动感言
管理意识	4	4.5	很大提高
协作精神	3.5	4.5	提高了一大步
工作主动性	3.5	4.5	提高了一大步
解决问题的信心	4	5	提高了一大步
团队精神	4	4.5	很大提高

制表人：×××　　　　　　　　　　　　　　　　制表日期：×年×月×日

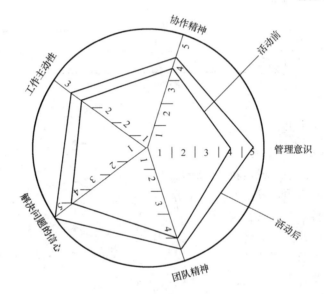

图 4-35　自我评价雷达图

制图人：×××　制图日期：×年×月×日

（2）使用柱状图（图 4-36）对小组取得的其他方面的效果进行评价。

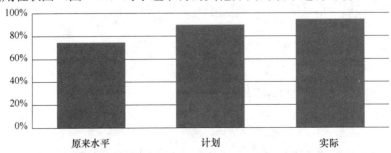

图 4-36　目标统计对比柱状图

制图人：×××　　　　　制图日期：×年×月×日

5　QC 成果发布要求与注意事项

5.1　QC 成果 PPT 制作

5.1.1　基本要求

（1）QC 成果 PPT 制作时，要依据 QC 小组活动程序，并突出重点。因为要在 15min 范围内汇报小组活动的开展，所以必须抓住成果的重点进行阐述。

1）工程概况和小组概况，反映工程相貌和与成果课题相关的图片，以及小组成员情况，可将小组成员以照片形式做简要介绍。

2）选择课题，把选择课题的理由列出，并阐述分析时采用的数据和统计工具。

3）现状调查，列出现状调查表和质量问题分析图表，最好能配以现场调查的视频和图片。

4）设定目标，只列出目标即可。

5）原因分析，制作时主要以图表为主，配以分析数据和图片。

6）要因确认，应先列出要因确认计划表，按确认项一条一条地确认，给出结论。最好能配以现场确认视频和图表。

7）制定对策，主要反映出对策表即行。

8）对策实施，应该把具体的实施情况用图表的形式进行介绍，要按照对策实施表中的措施逐项实施，并应进行阶段性验证，与对策表中的目标进行对比，给出结论。

9）效果检查，此步骤制作主要是要与现状调查时的数据进行对比，并按照目标要求进行分析是否已实现目标。

10）巩固措施，要以图表和照片的形式反映巩固措施中形成的所有文件材料。

11）总结与打算，要以数据和图表的形式对小组活动的开展进行总结，并提出下一步的活动打算。

（2）制作质量要求：首先是保证 PPT 画面清晰，这是前提。往往小组制作时只注重画面美观，而忽略了画面的清晰度，制作时尽量不要用深色的底衬。

5.1.2　注意事项

（1）PPT 制作前最好编制脚本，委托有制作能力并了解 QC 活动的相关技术人员进行制作，不要只将 WORD 版内容编入 PPT。

（2）一定要按活动程序进行制作，突出重点，体现出本次课题活动的特点是关键。应以图、表、数据为主，配以少量的文字说明，做到标题化、图表化、数据化和图文并茂。所反映的数据应是必要的、有用的，与本次课题无关的数据不要列入；所反映的图表不是为了美观而增加的画面，与成果无关的漫画、插图不要放入。

5.2 QC 成果发布

5.2.1 基本要求

（1）发布人的要求，发布人必须由 QC 小组成员进行发布，不能让其他人代替。衣服着装要正规、整洁、大方。发布时声音要清晰、洪亮，必须提前熟悉掌握成果内容，尽量脱稿演讲。

（2）发布的形式要求，可以以 1 人或多人的形式进行，发布形式不要拘泥一种模式，灵活多样，发布前要组织演练。发布内容尽量与现场互动，这样可达到事半功倍的效果。

5.2.2 注意事项

（1）不少小组 PPT 的版本较高，包含视频和配乐，演讲前一定要与组织者沟通好，确保播放效果。

（2）现场发表成果应是将成果讲给大家听，而不是念稿子，掌握好发布时间，必须提前预演，才能控制好时间要求。

（3）在发布后要简要、恰当地回答评委所提出的问题。

6 QC 小组活动成果案例及点评

6.1 自选目标 QC 成果案例及点评

6.1.1 现场型 QC 成果案例及点评

提高型钢混凝土组合结构节点施工质量验收一次合格率

××××建筑集团有限公司第六 QC 小组

1. 工程概况

××××分行园区办公大楼工程位于××工业园区苏华路北、星汉街西，××银行股份有限公司××分行投资建设，由××××建筑集团有限公司土建总承包。总建筑面积 48588.86m² （其中地下建筑面积 14844.48m²、地上建筑面积 33560.88m²），由主楼和裙房组成，为框架筒体结构；地下 4 层、地上 4～23 层，总建筑高度 110.10m，质量目标为国优"××奖"。

本工程中主楼及裙楼共有 15 根型钢混凝土柱，自基础底生根，其中主楼 11 根，钢筋混凝土柱截面尺寸为 1000mm×1000mm（KZ5、KZ6 共 2 根，标高−18.600～74.350）、900mm×900mm（KZ1×6 根、KZ2×3 根，共 9 根，标高−18.600～53.350），劲性钢柱均为＋600mm×300mm×32mm×36mm。裙楼 4 根钢柱，钢筋混凝土柱截面尺寸为 800mm×800mm（KZ13A×2 根，KZ13×2 根，共 4 根，标高−18.600～19.590），劲性钢柱均为 H500mm×400mm×25mm×28mm。型钢柱平面布置如图 6-1 和图 6-2。

2. 小组简介

QC 小组概况简介如表 6-1 所示。

QC 小组概况简介   表 6-1

小组名称	××××建筑集团有限公司第六 QC 小组				
课题类型	现场型		活动课题	提高型钢混凝土组合结构节点施工质量验收一次合格率	
小组注册号	SYJ/QC2012-08		注册日期	×年×月×日	课题注册号 SYJ/QC-A8-2012
小组成立时间	×年×月×日		活动次数	20	QC 小组出勤率 100%
活动时间	×年×月×日～×年×月×日		QC 教育时间		人均 70h 以上
序号	姓名	学历	职务	职 称	组内职务
1	×××	专科	项目经理	高级工程师	组长
2	×××	本科	项目副经理	工程师	副组长（生产）
3	×××	本科	技术负责人	工程师	副组长（技术）
4	×××	本科	项目技术员	工程师	现场指导
5	××	专科	项目质量员	工程师	质量员
6	×××	本科	项目技术员	工程师	组员
7	×××	专科	项目施工员	助理工程师	组员
8	×××	专科	项目材料员	助理工程师	组员
9	××	专科	钢筋班组长	技术工	组员
10	×××	专科	钢结构班组长	技术工	组员

制表人：×××   制表日期：×年×月×日

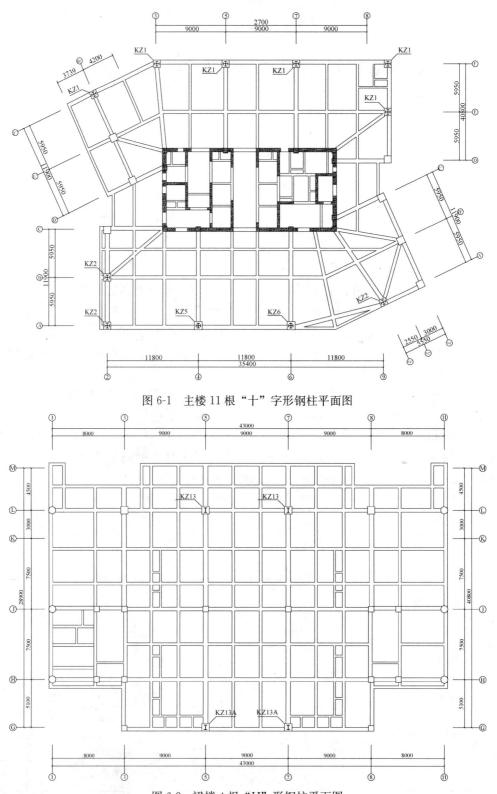

图 6-1 主楼 11 根 "十" 字形钢柱平面图

图 6-2 裙楼 4 根 "H" 形钢柱平面图

制图人：×××　制图日期：×年×月×日

3. 选题理由

选题理由评价如图 6-3 所示。

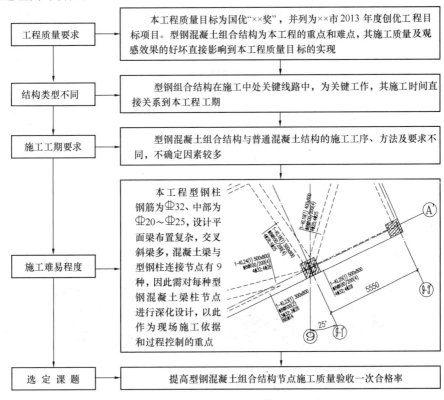

图 6-3 选题理由评价图

制图人：×××　制图日期：×年×月×日

4. 现状调查

我 QC 小组×年×月×日～×年×月×日以－2 层和－1 层的为样板进行施工，进行质量检查，共检查 250 点，存在问题点有 38 个，合格率为 84.8%，这不符合本工程的质量要求。具体检查情况如表 6-2、表 6-3 所示。

梁柱节点质量问题调查表　　　　　　　　　　　　　　　　表 6-2

序号	检查项目	检查点数（个）	问题点数（个）	合格率（%）
1	钢柱腹板开孔位置偏差	50	18	64
2	连接板（牛腿）标高偏差	50	13	74
3	开孔直径制作偏差	50	4	92
4	梁钢筋下料尺寸偏差	50	2	96
5	钢柱吊装位置偏差	50	1	98
6	合计	250	38	84.8

制表人：××　　　　　　　　　　　　　　　制表日期：×年×月×日

125

梁柱节点质量问题统计表　　　　　　　　　　　　表 6-3

序号	检查项目	频数（个）	频率（%）	累计频率（%）
1	钢柱腹板开孔位置偏差	18	47.36	47.36
2	连接板（牛腿）标高偏差	13	34.21	81.58
3	开孔直径制作偏差	4	10.53	92.11
4	梁钢筋下料尺寸偏差	2	5.26	97.37
5	钢柱吊装位置偏差	1	2.63	100
6	合计	38	100	—

制表人：×× 　　　　　　　　　　　　　　　　制表日期：×年×月×日

根据表 6-3 的数据，绘制出影响型钢混凝土梁柱节点质量问题饼分图，见图 6-4。

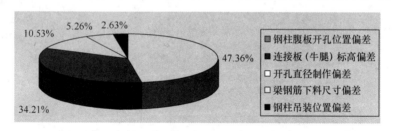

图 6-4　影响型钢混凝土梁柱节点质量问题饼分图
制图人：××　制图日期：×年×月×日

从图 6-4 可以看出，"钢柱腹板开孔位置偏差"和"连接板（牛腿）标高偏差"这 2 个质量问题占总频率的 81.58%，是影响型钢混凝土梁柱节点施工质量的主要质量问题，是我们 QC 小组要解决的主要问题。

如果我们将这两个质量问题均解决 90% 以上（其他质量问题不恶化），那么型钢混凝土梁柱节点的施工质量一次合格率就可达到（250－38＋31×90%）/250×100%＝95.96%，符合工程创优的质量评定标准。

5. 设定目标

（1）总体目标

型钢混凝土组合结构节点质量验收一次合格率≥95%。

（2）目标定量

1）保证钢柱腹板开孔位置合格率≥93%；

2）保证连接板（牛腿）标高合格率≥93%。

6. 原因分析

确定目标后，针对"钢柱腹板开孔位置偏差"和"连接板（牛腿）标高偏差"这 2 个质量问题，小组成员采用头脑风暴法对如何施工进行了深入探讨，详细分析了类似工程的施工方法及工艺要求，从"5M1E"6 个方面进行分析，对各种因素进行分类汇总，列出关联图（图 6-5）。

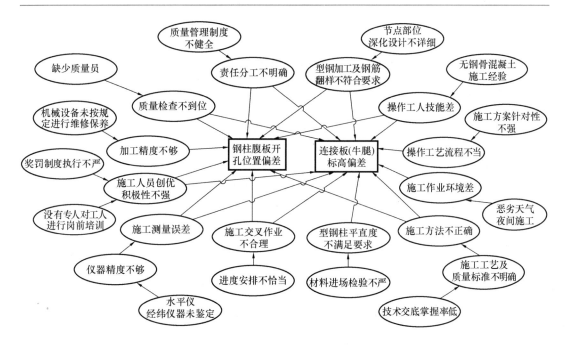

图 6-5 关联图

制图人：×××　　　　　　　　　　制图时间：×年×月×日

7. 要因确认

要因确认计划表见表 6-4。

要因确认计划表　　　　　　　　　　　　　　　　表 6-4

序号	末端因素	确认内容	确认方法	确认标准	负责人	验证时间
1	节点部位深化设计不详细	会议纪要、洽商记录、深化设计图纸	现场分析	各工序施工合理、有序、工艺简明了	×××××	×年×月×日
2	质量管理制度不健全	项目部的各项管理制度，目标、指标、责任制度、检查制度、抽查制度	现场调查分析	各项管理制度健全，有目标、指标、责任制度、检查制度、抽查制度，实施率100%	××××××	×年×月×日
3	技术交底掌握率低	技术交底记录和工人掌握情况	现场验证	交底率100%，掌握率≥95%	××××××	×年×月×日
4	机械设备未按规定进行维修保养	机械设备检查、维修、保养记录	现场测试测量	机械设备符合施工工艺要求，完好率100%	××××××	×年×月×日
5	奖罚制度执行不严	项目部制定的奖罚制度及执行情况	现场调查	专人负责，执行率100%	×××	×年×月×日
6	没有专人对工人进行岗前培训	项目部的培训记录	现场验证	培训率100%，合格率100%	××××××	×年×月×日
7	水平仪、经纬仪未检定	测量仪器检定记录	现场测试测量	检定合格率100%	××××××	×年×月×日
8	缺少质量员	项目部与分包项目组质量员人数	现场调查	不少于2人，做到各个操作面每天有验收	×××	×年×月×日

序号	末端因素	确认内容	确认方法	确认标准	负责人	验证时间
9	恶劣天气夜间施工	施工日志中施工内容	调查分析	工序之间相互影响率<10%	×××	×年×月×日
10	材料进场检验不严	原材料进场检查记录、检测报告	现场调查	检查记录完整,质量合格证明齐全有效,检测报告全部合格	××× ××	×年×月×日
11	进度安排不合理	施工进度计划	调查分析	各操作面施工进度都进行周密的协调,施工进度安排合理。	××× ×××	×年×月×日
12	施工方案针对性不强	施工方案	调查分析	针对性强,各节点做法明确	××× ×××	×年×月×日
13	无钢骨混凝土施工经验	操作工人的工作经历	现场调查	有类似钢骨混凝土施工经验的人数比例≥90%	××× ××	×年×月×日

制表人:×××   制表日期:×年×月×日

根据要因确认计划表,对13个末端因素进行具体调查、分析、验证、测量,逐一进行要因确认,详见表6-5~表6-17。

末端因素一:节点部位深化设计不详细   表6-5

确认方法	确认内容	确认标准	确认人	确认时间
现场调查	会议纪要、洽商记录、深化设计图纸	各工序施工合理、有序、工艺简洁明了	××× ××	×年×月×日
验证情况	小组成员×××、××于×年×月×日对钢结构节点详图进行分析,对比原结构施工图,钢结构加工详图与钢筋施工图存在明显的分歧,钢构加工图无法符合钢筋的施工,钢筋施工亦不能满足钢结构的组装。节点详图深化的过程中存在严重缺陷			
结 论	是主要原因			

制表人:××   制表日期:×年×月×日

末端因素二:质量管理制度不健全   表6-6

确认方法	确认内容	确认标准	确认人	确认时间
调查验证	项目部的各项管理制度,目标、指标、责任制度、检查制度、抽查制度	各项管理制度健全,有目标、指标、责任制度、检查制度、抽查制度,实施率100%	××× ×××	×年×月×日
验证情况	×年×月×日,经小组成员×××、×××现场检查,本工程有整套的施工技术标准,有健全的质量管理体系和制度,班组之间有"三检"制度,各工序的检查记录齐全,均符合质量管理制度的相关规定,实施率达到100%			
结 论	不是主要原因			

制表人:×××   制表日期:×年×月×日

末端因素三：技术交底掌握率低   表 6-7

确认方法	确 认 内 容	确 认 标 准	确认人	确认时间
现场验证	技术交底记录和工人掌握情况	交底率 100%，掌握率≥95%	×× ×××	×年×月×日
验证情况	小组成员××、×××于×年×月×日对技术交底进行了检查，管理人员对全体施工人员进行了技术交底，并通过"问答"形式进行考核，具体检查考核情况见下表所示： 技术交底检查考核情况汇总表 | 序号	工 种	实际人数	已接受交底人数	考核合格人数 | |---|---|---|---|---| | 1 | 钢筋工 | 25 | 25 | 20 | | 2 | 钢构安装工 | 10 | 10 | 6 | | 3 | 木 工 | 30 | 30 | 18 | 注：掌握率≥80% 为合格。 从上表中可以看出，项目部对操作人员的交底率达到了 100%，操作人员的掌握率为 44/65＝67.7%，不合格			
结 论	是主要原因			

制表人：××   制表日期：×年×月×日

末端因素四：机械设备未按规定进行维修保养   表 6-8

确认方法	确 认 内 容	确 认 标 准	确认人	确认时间
现场调查	机械设备检查、维修、保养记录	机械设备符合施工工艺要求，完好率 100%	××× ×××	×年×月×日
验证情况	小组成员×××、×××于×年×月×日对钢构加工的机械设备进行现场检查，所有设备均能满足施工工艺要求，并在检测维修保证限期内			
结 论	不是主要原因			

制表人：×××   制表日期：×年×月×日

末端因素五：奖罚制度执行不严   表 6-9

确认方法	确 认 内 容	确 认 标 准	确认人	确认时间
现场调查	项目部制定的奖罚制度及执行情况	专人负责，执行率 100%	××× ×××	×年×月×日
验证情况	小组成员×××、×××于×年×月×日检查项目部的有关资料，项目部已按照公司要求制定了质量管理奖罚制度，奖罚条款详细，项目部依照奖罚制度执行，对质量存在的问题按规定进行处罚。从开工至今，共有处罚记录 4 条，奖励记录 1 条，通过对奖罚制度的实施，使施工人员的责任心得到增强			
结 论	不是主要原因			

制表人：×××   制表日期：×年×月×日

末端因素六：没有专人对工人进行岗前培训   表 6-10

确认方法	确 认 内 容	确 认 标 准	确认人	确认时间
现场调查	项目部的培训记录	培训率 100%，合格率 100%	××× ×××	×年×月×日

续表

确认方法	确　认　内　容	确　认　标　准	确认人	确认时间
验证情况	小组成员×××、×××于×年×月×日检查了项目部培训记录资料，对岗前培训的情况进行统计汇总： 岗前培训情况调查汇总表（见下表） 注：理论考核≥80分为合格、90分以上为优秀。 从表中可以看出，操作工人岗前培训率达到100%，岗前培训的理论知识及实际应用技能考核合格均达到100%			
结　论	不是主要原因			

岗前培训情况调查汇总表

工　种	实际人数	培训人数	理论知识考核		实际应用技能	
			合格	优秀	合格	优秀
钢筋工	25	25	10	15	6	19
钢构安装工	10	10	3	7	5	5
木　工	30	30	10	20	8	22

制表人：×××　　　　　　　　　　　　　　　　　　制表日期：×年×月×日

末端因素七：水平仪、经纬仪未检定　　　　　　　　　　表6-11

确认方法	确　认　内　容	确　认　标　准	确认人	确认时间
现场调查	测量仪器检定记录	仪器均已进行检测，检测报告齐全有效，且在有效期内	××× ×××	×年×月×日
验证情况	小组成员×××、×××于×年×月×日对项目部的水平仪、经纬仪进行检查，所有测量仪器均在检定合格的有限期内			
结　论	不是主要原因			

制表人：×××　　　　　　　　　　　　　　　　　　制表日期：×年×月×日

末端因素八：缺少质量员　　　　　　　　　　　　　　表6-12

确认方法	确　认　内　容	确　认　标　准	确认人	确认时间
现场调查	项目部与分包项目组质量员人数	不少于2人，做到各个操作面每天验收制度	×××	×年×月×日
验证情况	×年×月×日小组成员×××检查项目部质检员配置情况。项目部共有专职土建质检员2人，均持证上岗，钢筋安装班组和钢构加工班组各有1名兼职质检员，且均已经过项目部专门培训合格。项目部专职质检员1名专门负责钢筋分项工程施工质量的监督检查，故钢骨混凝土分项工程质检员人数出现至少≥3名	图略		
结　论	不是主要原因			

制表人：×××　　　　　　　　　　　　　　　　　　制表日期：×年×月×日

130

末端因素九：恶劣天气夜间施工　　　　　　　　　　表 6-13

确认方法	确认内容	确认标准	确认人	确认时间
现场调查	施工日志中的施工内容	恶劣天气施工率<10%（下雨、5 级大风及以上均属于恶劣天气）	××	×年×月×日
验证情况	小组成员××、×××于×年×月×日查阅施工日志资料，钢骨混凝土结构施工期间，出现下雨、5 级及以上大风的恶劣天气共有 33 天，只有其中 3 天进行了型钢混凝土结构相关的施工内容。项目部均根据天气情况对楼层施工及时进行了调整，当出现恶劣天气时，基本可以避免型钢骨架的作业，故恶劣天气施工影响率基本为 0			
结　论	不是主要原因			

制表人：××　　　　　　　　　　　　　　　　　　　　制表日期：×年×月×日

末端因素十：材料进场检验不严　　　　　　　　　　表 6-14

确认方法	确认内容	确认标准	确认人	确认时间
现场调查	原材料进场检查记录、检测报告	检查记录完整，质量合格证明齐全有效，检测报告全部合格	×××　×××	×年×月×日
验证情况	小组成员×××、×××于×年×月×日进场型钢进行了检验，质量证明报告及钢材检测报告显示原材料质量均符合设计图纸要求及钢结构验收规范 			
结　论	不是主要原因			

制表人：×××　　　　　　　　　　　　　　　　　　　制表日期：×年×月×日

末端因素十一：进度安排不合理　　　　　　　　　　表 6-15

确认方法	确认内容	确认标准	确认人	确认时间
调查分析	施工进度计划	各操作面施工进度都进行周密的协调，施工进度安排合理	×××　×××	×年×月×日
验证情况	小组成员×××、×××于×年×月×日对已编制的钢骨混凝土施工进度计划进行了详细检查，并召集了其他可能在同一时段同一操作层作业的施工班组长和分包单位项目经理，就已编制的钢骨混凝土施工进度计划进行讨论，确定相互之间作业面的使用情况和不同工种之间的影响程度。经讨论大家一致认为：本工程虽然工期紧、钢筋及钢构件工程量大，但各工种之间的工作面基本相对独立，只有安装单位在楼层面上有少量的穿插作业，影响可以忽略不计，且楼层作业面上基本无其他专业施工，说明已制定的钢骨混凝土施工进度计划合理可行，楼面施工安排流水作业，工序之间相互影响率几乎为 0			
结　论	不是主要原因			

制表人：×××　　　　　　　　　　　　　　　　　　　制表日期：×年×月×日

末端因素十二：施工方案针对性不强　　　　　　　　表 6-16

确认方法	确认内容	确认标准	确认人	确认时间
调查分析	施工方案	针对性强，各节点做法明确	×××　×××	×年×月×日

确认方法	确认内容	确认标准	确认人	确认时间
验证情况	小组成员×××、×××于×年×月×日邀请了分公司技术经理和集团公司技术部人员（共6人）对方案进行讨论，结合类似工程的施工经验，大家一致认为目前施工方案能满足现场施工要求、特殊部位施工顺序符合施工工艺要求，方案能够指导施工作业			
结论	不是主要原因			

制表人：×××   制表日期：×年×月×日

末端因素十三：无钢骨混凝土施工经验　　　　　　　　表6-17

确认方法	确认内容	确认标准	确认人	确认时间
现场调查	操作工人的工作经历	有类似钢骨混凝土施工经验的人数比例≥90%	××× ×××	×年×月×日
验证情况	小组成员×××、×××于×年×月×日对所有钢构件及钢筋操作工人进行调查，共调查30名操作工人（钢构件加工人员和钢筋安装工）只有10人左右有钢骨混凝土组合结构的施工的经验，其他只有单方面的钢筋或钢构件的施工经验			
结论	是主要原因			

制表人：×××   制表时间：×年×月×日

通过以上13条末端因素的分析、确认，找出了以下3条主要因素：

（1）节点部位深化设计不详细；

（2）技术交底掌握率低；

（3）无型钢混凝土组合结构施工经验。

8. 制定对策

（1）提出对策

针对这三条要因，运用头脑风暴法，发动小组成员献计献策，经整理提出对策如表6-18所示。

对策汇总表　　　　　　　　表6-18

序号	要因	对策序号	对策内容
1	节点部位深化设计不详细	1	请原设计单位补充深化设计图纸
		2	请专业单位对劲性结构进行二次设计
		3	项目部对劲性结构进行深化，明确节点区细部做法
2	技术交底掌握率低	1	项目部对班组成员进行技术交底
		2	由各班组组长对其成员进行交底
3	无型钢混凝土组合结构施工经验	1	寻找有类似施工经验的施工班组
		2	对现有的施工班组人员实施观摩、教育学习
		3	由有经验施工人员帮带无施工经验的

制表人：×××   制表时间：×年×月×日

（2）对策综合评价

QC小组成员针对每条对策，从有效性、可实施性、经济性、可靠性4个方面进行综合分析评估，进而相互比较，选出最令人满意的对策，作为准备实施的对策，对策评估，选择情况见表 6-19。

对策评估、选择表　　　　　　　　　　　　　　表 6-19

序号	要因	对策方案	对策分析评估	比较对策	选定对策
1	节点部位深化设计不详细	请原设计单位补充深化设计图纸	原设计单位深化图纸后，需再进行一次图纸会审，存在的问题还需再次进行图纸修改，时间较长，效率不高	对策三相比对策一、二可实施工性强、有效性高，经济费用低，更能贴近施工现场情况	
		请专业单位对劲性结构进行二次设计	专业单位进行深化，此部分将增加费用，且对图纸及现场不了解，深化内容可能存在偏差，深化图还需请原设计单位确认，流程繁琐		
		项目部对劲性结构进行深化，明确节点区细部做法	项目部在图纸会审后结合现场施工情况进行深化设计，选择最有利于现场施工的方式进行节点优化，后请设计确认		√
2	技术交底掌握率低	项目部对班组成员进行技术交底	直接对操作工人及班组长进行技术交底，减少了信息传递的中间过程，增加了信息传递率，工人不明白之处可当场提问，现场解决	对策一相比对策二更可靠、更有效地将信息传递给操作工人	√
		由各班组组长对其成员进行技术交底	项目部对班组长交底后，由班组长再对操作工人交底，多了中间信息传递过程，信息传递中有可能失真		
3	结构施工经验无型钢混凝土组合	寻找有类似施工经验的施工班组	现在市场技术工人紧缺，短时间内不可能找到所需要的技术人员，人工费较高	对策二相比对策一、三更能省时间、可实施性强、效果更好。管理人员及操作工人能同时对本工程有一个深刻的了解	
		对现有的施工班组人员实施参观、教育学习	小组成员现场对操作工人进行理论教育，样板施工，实地教学、感性学习		√
		由有经验施工人员帮带无施工经验的	工人之间的帮带只有口耳相授，难以持久，施工经验未必有用于本工程，效果不佳		

制表人：×××　　　　　　　　　　　　　　　　　　　　　制表时间：×年×月×日

（3）对策表

根据对策评估、选择表所选择的对策，按照"5W1H"的原则制定了对策表（表 6-20）。

对　策　表　　　　　　　　　　　　　　表 6-20

序号	主要因素	对策	目标	措施	负责人	地点	完成时间
1	节点部位深化设计不到位	深化钢结构图纸的二次设计，明确节点区细部做法	①节点部位做法明确，钢筋布置顺畅 ②节点部位钢筋与钢结构柱矛盾率为 0	①加强钢筋与钢结构深化设计人员之间的沟通，进行全面仔细的图审，明确各自的要求②利用钢结构深化设计 Xsteel 软件对图纸深化设计③深化设计图请设计确认④加强现场施工管理	××× ××× ×××	会议室 设计院 施工现场	×年×月×日～ ×年×月×日

133

续表

序号	主要因素	对策	目标	措　　施	负责人	地点	完成时间
2	技术交底掌握率低	做好三级技术交底工作	交底率100%，掌握率≥95%	①编制技术交底，明确质量标准②加强班组施工人员的质量意识，对操作人员的技能方面加强培训③书面与现场交底同时进行	××× ××× ××× ×××	办公室会议室施工现场	×年×月×日～×年×月×日
3	无型钢混凝土组合结构施工经验	组织工人进行理论学习和实地观摩	技能考核合格率≥95%	①编制教材并组织学习②施工前做样板③对样板工程进行实地观摩④组织技能考核	××× ××× ×××	办公室施工现场	×年×月×日～×年×月×日

制表人：×××　　　　　　　　　　　　　　　　　　制表日期：×年×月×日

9. 对策实施

实施一：节点部位深化设计

（1）全面仔细地进行图纸会审

小组成员对结构图进行全面仔细的审图，总结出三种主要典型的节点构造。

第一种节点构造：

混凝土梁4根角筋贯通，其他钢筋弯锚，满足锚固长度（图6-6）。

第二种节点构造：

混凝土梁加腋，角筋从柱边绕过钢柱，其他钢筋穿过腹板，在翼缘板位置的梁筋双面焊接 $5d$ 于牛腿（连接板）上（图6-7）。

第三种节点构造：

角筋穿腹板过柱，其他梁筋在翼缘板位置焊接于钢牛腿（连接板）上（图6-8）。

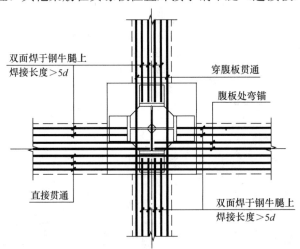

图6-6　梁柱节点详图（一）

制图人：×××　　　　　　　　制图时间：×年×月×日

（2）深化节点设计

根据以上三种典型构造，我QC小组与设计沟通协商确定，深化设计如下6种结果：

1）梁加腋处主筋绕过型钢柱

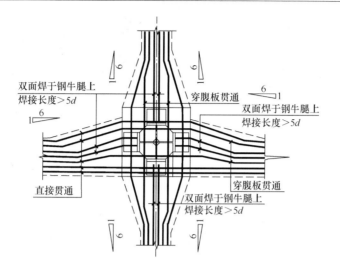

图 6-7 梁柱节点详图（二）

制图人：×××　　　　　　　　　制图时间：×年×月×日

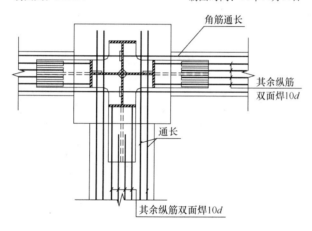

图 6-8 梁柱节点详图（三）

制图人：×××　　　　　　　　　制图时间：×年×月×日

　　当混凝土梁为加腋梁时，上下排钢筋的最外两侧钢筋按照 1：6 可弯折后从外侧绕过型钢柱。中部的构造筋伸至型钢柱边弯锚。

　　2）梁的角筋穿过型钢柱的腹板

　　当主梁位于型钢柱中部，根据设计要求，两个方向梁 4 根主筋在遇到型钢柱时，型钢柱腹板开孔（图 6-9）。

　　3）梁面主筋遇型钢柱翼缘板处的连接

　　型钢混凝土梁上下排钢筋的中间 2～4 根钢筋既不能绕过型钢柱，也没有足够空间穿过型钢柱腹板，因此梁上排钢筋采用与型钢柱钢牛腿焊接，焊接长度满足规范要求。由于部分梁梁面钢筋有两排，因而钢牛腿面标高相对降低 80mm，在牛腿位置处另增设条形钢垫板焊接，使梁的上下排筋均有相对焊接位置，避免梁面一、二排钢筋焊接冲突（图 6-10）。

　　4）梁底主筋遇型钢柱翼缘板处的连接

135

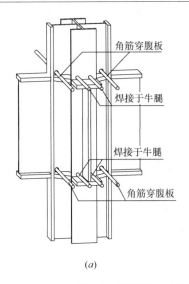

(a)　　　　　　　　　　　　　　　*(b)*

图 6-9　梁柱节点三维模型图及实施后梁柱节点施工图

制图人：×××　　　制图日期：×年×月×日
摄影人：×××　　　摄影日期：×年×月×日

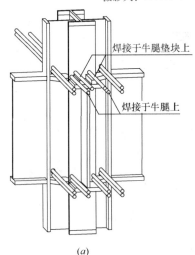

(a)　　　　　　　　　　　　　　　*(b)*

图 6-10　梁柱节点三维模型图及实施后梁柱节点施工图

制图人：×××　　　制图日期：×年×月×日
摄影人：×××　　　摄影日期：×年×月×日

　　梁底主筋如与梁面相同做法，需在未封梁侧模前先行焊接工作，工序搭接要求高，施工过程中较为繁琐，为此可采取梁下排钢筋采取钢筋机械连接的方法。经分析滚轧直螺纹套筒与型钢柱具有可焊性，经与设计、业主、监理协商，现场制作一组试件进行工艺检测，试验结果表明直螺纹套筒与型钢焊接处的强度大于钢筋强度，证明以直螺纹套筒作为型钢与钢筋连接是可行的。梁中部下排钢筋连接可采用焊接或冷挤压套筒（须做相应试验检测）连接。

　　5）部分斜梁遇型钢柱的连接

　　斜梁部分可根据其位置角度来确定相应做法。梁外侧纵筋可绕柱型钢通过，满足其锚

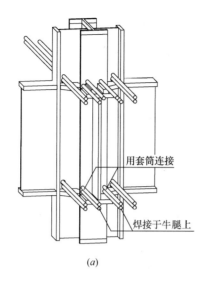 

(a)　　　　　　　　　　　　　　(b)

图 6-11　梁柱节点三维模型图及实施后梁柱节点施工图

制图人：×××　　制图日期：×年×月×日

摄影人：×××　　摄影日期：×年×月×日

固长度；梁偏外侧中部的纵筋如遇柱型钢腹板断开，双面焊于型钢柱加劲板上 5d；梁中部纵筋可双面焊于钢牛腿上 5d，因此斜梁局部牛腿或连接板需加长。

6）柱箍筋在节点处的设置

由于柱箍筋在梁柱节点部位受钢结构的影响无法形成封闭，通常的处理方法是钢牛腿或钢梁腹板开孔或箍筋焊接于其腹板上，造成开孔数量多需进行补强措施或焊接工程量大，对钢结构有一定的影响。因此可采取钢板条焊接封闭来代替柱箍筋。根据原设计柱箍筋大小及数量计算单位高度内受力箍筋面积，按照等强度代换的原则将箍筋面积代换成钢板条截面积，钢板条与钢构件连接采用坡口焊形式（图 6-12）。

（3）设计确认

按以上 6 种处理方法，对本工程的所有梁柱节点，进行了全部的图纸细化及钢筋翻样，并以图纸会审及技术核定单的形式，请设计审核、确认，设计同意深化设计图纸。

图 6-12　梁柱节点三维模型图

制图人：×××　　制图日期：×年×月×日

（4）实施效果

通过运用钢结构深化设计的 Xsteel 软件，我们在进行钢结构深化设计时，采取最利于现场施工的钢筋与钢柱的连接方式，我 QC 小组对主楼 2、3 层的钢柱节点连接情况进行了 1 次全数检查，检查情况如表 6-21。

从现场调查情况表及施工后效果照片中可以看出实施一的目标已经实现：节点部位的做法明确，钢筋布置顺畅；节点部位钢筋与钢柱矛盾率为 0。

连接情况检查表　　　　　　　　　　表 6-21

序号	连接方式	2层			3层		
		检查节点	合格节点	矛盾率	检查节点	合格节点	矛盾率
1	钢筋与连接板焊接	11	11	0	11	11	0
2	钢构穿过钢柱腹板孔	11	11	0	11	11	0
3	钢筋外侧绕过钢柱	11	11	0	11	11	0

制表人：×××　　　　　　　　　　　　　　　　制表日期：×年×月×日

实施二：做好技术交底

（1）现场施工班组的钢筋工和木工对型钢混凝土结构这种新型结构的施工还是第一次，特别是穿插了劲性结构施工这个环节，钢筋绑扎和模板支设与普通的钢筋混凝土结构都有着很大的不同，具体见作业流程图 6-13。

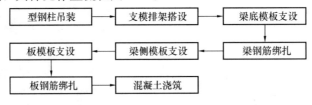

图 6-13 作业流程图

制图人：×××　　　　　　　　　　　　　　制图日期：×年×月×日

（2）QC小组根据图纸会审的结果，由×××、××编制了钢筋与钢结构的专项作业指导书，由×××、×××对钢筋工和木工的班组长进行施工技术交底，由×××、×××对钢构班组进行技术交底，并对操作工人进行培训，提出相关施工质量要求，使施工人员操作规范化。

（3）一方面项目部加强班组施工人员的质量意识和操作技能方面的培训教育，另一方面由×××、××对型钢柱梁节点施工进行现场指导，加强施工人员的理解，提高操作能力。

（4）根据作业流程，由×××从生产上重新安排班组施工顺序，调整了钢筋工班组和木工班组的作业流程，要求钢筋工班组必须在木工班组施工完梁底模后穿插完成梁钢筋的绑扎，并按要求对梁柱节点的钢筋进行焊接。

（5）实施效果

现场施工按照作业流程组织开展，各工种的施工顺序符合搭接要求，交叉施工中无相互影响。

通过加强对施工班组的技术交底，让一线操作人员对型钢混凝土结构的施工要点有了深层次的理解和认识。在施工过程中通过"问答"形式对工人进行考核。具体检查考核情况如表 6-22 所示。

技术交底检查考核情况汇总表　　　　　　　表 6-22

序号	工　种	实际人数	已接受交底人数	考核合格人数
1	钢筋工	25	25	22
2	钢构安装工	10	10	8
3	木　工	30	30	28

制表人：××　　　　　　　　　　　　　　　　制表日期：×年×月×日

从上表中可以看出，项目部对操作人员的交底率达到了 100％，操作人员的掌握率为 58/65＝89.23％，合格。（掌握率≥80％为合格）

实施三：组织工人进行理论学习和实地观摩

（1）由×××、×××负责编制理论学习教材，将《型钢混凝土组合结构技术规程》JGJ 138、《型钢混凝土组合结构构造》04SG523、《钢结构工程施工质量验收规范》GB 50205、《混凝土结构工程施工质量验收规范》GB 50204 中有关型钢混凝土组合结构的施工方法和质量要求编入其中，并组织项目管理人员和操作工人进行专门学习，熟悉施工要点和质量要求。

（2）在细化后的施工方案基础上，邀请集团公司技术人员现场指导操作工人，主楼一层选作样板，以样板引路。样板区的实施：一是用于检验细化后的施工方案可操作性和针对性是否符合本工程质量要求；二是作为质量标杆，给其他楼层施工树立直观的质量标准。

（3）由×××、××组织管理人员及操作工人到样板工程进行实地观摩，接受感性的学习教育，并由×××和钢结构方技术人员××讲解钢骨骨架施工工艺和焊接要点，尤其是细部处理的一些节点做法。

（4）由×××、×××负责组织操作人员进行技能考核。考核分为理论和实操 2 个部分进行，具体考核情况见表 6-23。

操作工人技能考核情况汇总表　　　　　　　　　　　　　　表 6-23

工种	实际人数	培训人数	理论知识考核		实际应用技能	
			合格	优秀	合格	优秀
钢筋工	20	20	5	15	6	14
钢构安装工	10	10	3	7	5	5
电焊工	4	4	1	3	2	2

制表人：×××　　　　　　　　　　　　　　　　制表日期：×年×月×日

注：理论考核≥80 分为合格；90 分以上为优秀。

实施效果：通过上述措施的实施，并对操作人员进行考核，考核合格率达到了 100％，表明操作人员熟悉了操作工艺。

10. 效果检查

（1）质量效果

型钢混凝土组合结构施工结束后，QC 小组成员对 5～18 层的型钢混凝土组合结构节点的钢筋及钢柱的施工质量、组合质量的验收资料进行检查，共计检查 250 点，存在问题点有 11 个，质量合格率 95.6％，符合工程创优的质量评定标准要求，结果见表 6-24、表 6-25。

实施后的梁柱节点质量问题调查表　　　　　　　　　　　表 6-24

序号	检查项目	检查点数（个）	问题点数（个）	合格率（％）
1	梁钢筋下料尺寸偏差	50	46	92
2	开孔直径制作偏差	50	47	94
3	钢柱腹板开孔位置偏差	50	48	96

续表

序号	检查项目	检查点数（个）	问题点数（个）	合格率（%）
4	连接板（牛腿）标高偏差	50	49	98
5	钢柱吊装位置偏差	50	49	98
6	合　计	250	239	95.6

制表人：××　　　　　　　　　　　　　　　　　　　　　制表日期：×年×月×日

实施后的梁柱节点质量问题统计表　　　　　　表 6-25

序号	检查项目	频数（个）	频率（%）	累计频率（%）
1	梁钢筋下料尺寸偏差	4	36.36	36.36
2	开孔直径制作偏差	3	27.27	63.63
3	钢柱腹板开孔位置偏差	2	18.18	81.81
4	连接板（牛腿）标高偏差	1	9.09	90.9
5	钢柱吊装位置偏差	1	9.09	100
6	合　计	11	100	—

制表人：××　　　　　　　　　　　　　　　　　　　　　制表日期：×年×月×日

根据实施后的梁柱节点质量问题调查表，绘制了饼分图（图 6-14）。

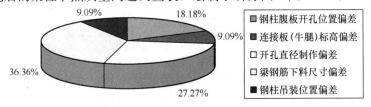

图 6-14　实施后的梁柱节点质量问题饼分图

制图人：××　　　　　　　　　　　　　　　　　　　　　制图日期：×年×月×日

从图中可见，"钢柱腹板开孔位置偏差"和"连接板（牛腿）标高偏差"两个质量问题已经由实施前占累计频率 81.58% 下降至 27.27%，成了"次要问题"，说明采取的措施有效。表 6-26 给出了活动前后效果统计的比较情况。

活动前后效果统计比较表　　　　　　表 6-26

序号	项目	活动前	前后关系	目标值	前后比较关系	活动后	比较结果
1	综合合格率	84.8%	<	95%	<	95.6%	达到并超过
2	钢柱腹板开孔位置合格率	64%	<	93%	<	96%	达到并超过
3	连接板（牛腿）标高合格率	74%	<	93%	<	98%	达到并超过

制表人：×××　　　　　　　　　　　　　　　　　　　　制表日期：×年×月×日

通过上表可以看到，总体合格率为 96%，大于目标值 95%；钢柱腹板开孔位置合格率为 96%，大于目标值 90%；连接板（牛腿）标高合格率为 98%，大于目标值 90%。根据活动前后效果统计表 6-26，绘制柱状对比图（图 6-15）。

通过柱状对比图更能显示出，此次 QC 小组活动后，实现了事先确定的目标。

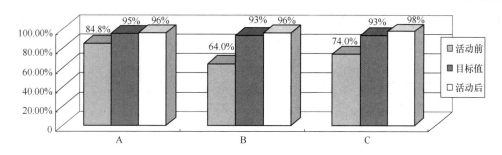

图 6-15 活动效果柱状对比图

A—综合合格率；B—钢柱腹板开孔位置合格率；C—连接板（牛腿）标高合格率

制图人：×××　　　制表日期：×年×月×日

（2）社会效果

1）经过全体管理人员及作业班组的努力，通过开展 QC 小组活动，施工管理和工程质量都有了很大的提高，减少了返工浪费，节约了施工时间，有效地降低了质量成本，获得业主的一致好评。

2）型钢柱及其梁柱筋绑扎完毕后，经质监站、监理单位检查验收，各项指标全部合格，施工质量优良。现场型钢混凝土结构拆模后观感质量良好（图 6-16），达到了预期的目标。

图 6-16 梁柱节点混凝土成型质量

摄影人：×××　　　　　　摄影日期：×年×月×日

3）通过此次 QC 小组活动，为我公司在大型型钢混凝土组合结构施工领域积累了宝贵的施工经验和处理问题的新方法。在×年度的投标工作中，我们以此成果做为工程优化方案，竞标成功取得了×××工程。

11. 成果巩固

开展 QC 小组活动，有效地提高了劳动生产率，提高了工程质量，是质量管理活动体系中的一个重要环节，一个必不可少的部分，为巩固本次活动取得的成果，主要采取以下措施：

（1）我 QC 小组将活动过程中遇到的施工问题及采取的相应对策，结合规范及验收要求，将其标准化、制度化、规范化，并在施工结束后编写了《型钢混凝土组合结构节点施工工艺标准》，报集团公司进行审批，经集团公司审批通过，文号 SYJ/GYBZ06-2012，并在全公司推广执行。

（2）在我公司的另一工程××大学附属儿童医院工程中，采用了此次活动的成功经验，对型钢混凝土组合结构开展施工。我 QC 小组对此项目的型钢柱梁节点进行抽查，随机抽查了 300 个点，合格率达到 96%，说明小组取得的成果保持在一个良好的水平上（表 6-27）。

××大学附属儿童医院工程梁柱节点质量合格率统计表 表 6-27

序号	检查项目	检查点数	合格点数	合格率%
1	钢柱吊装位置偏差	60	59	98.3
2	钢柱腹板开孔位置偏差	60	58	96.7
3	梁钢筋下料尺寸偏差	60	58	96.7
4	连接板（牛腿）标高偏差	60	57	95
5	开孔直径制作偏差	60	56	93.3
6	合　计	300	288	96

制表人：×× 　　　　　　　　　　　　　制表日期：×年×月×日

12. 总结与下一步打算

（1）××型钢混凝土组合结构工程通过本次 QC 活动，型钢梁柱节点施工质量得到了很大的提高。我小组在完成此次活动后，组织了一次 QC 小组总结会议，对活动的全过程进行回顾、总结，重点分析了此次活动中 PDCA 程序运用的可取之处与不足之处，详见表 6-28。

QC 小组活动总结评价表 表 6-28

序号	活动内容	主要优点	存在不足	今后努力方向
1	选择课题	选题理由比较充分，是本工程结构施工中的重点、难点问题，课题简洁明了	选题理由最好能用数据、图表说话	学习 QC 小组活动知识，吸收其他小组的经验，扩大选题的广度、深度
2	现状调查	运用调查表、饼分图对现状进行调查、坚持以数据说话，找出问题的症结所在	在整理分析数据时，运用的统计工具、方法过于简单	加强统计技术的学习，熟练掌握统计工具，注意统计技术的正确应用
3	设定目标	目标具体、量化，与问题相对应	目标设定的依据分析不够详细	加强学习，提高分析力，对目标的分析要有针对性，用数据分析
4	原因分析	小组成员运用头脑风暴法，充分发表意见，并能到施工现场确认主要原因	个别的原因分析比较粗，数据性不强，图表运用较少，没有分析到可直接采取对策的具体因素	对制作好的原因分析图进一步进行分析和确认，看看是否都分析到末端，如果没有，则应进一步分析，直到能直接采取对策
5	对策及实施	针对主要原因提出各种对策，通过综合评价后选定最佳对策；解决措施按对策能具体展开，每条对策均有目标要求	对策的实施没有针对对策的目标进行效果比较	学习实施程序要求，对每条对策实施后，必须进行比较，以确认实施的效果
6	检查效果	确认实施效果，并跟踪检查，确保效果稳定	社会效果检查中缺少数据、图表、文件证明	不断学习，持续改进，应用统计图表，如柱状图、折线图、排列图、调查表等

序号	活动内容	主要优点	存在不足	今后努力方向
7	成果巩固	将有效的对策措施纳入到施工技术标准,实施并推广到公司各单位以及项目部;对活动进行总结	缺少巩固期数据的彩采集,并与目标进行比较	学习程序要求,注意巩固期数据的收集,检查巩固措施是否有效

制表人:××   制表日期:×年×月×日

(2)今后我们将坚定不移地积极开展 QC 活动,利用 QC 工具攻克施工中出现的难点、重点、质量通病等,以施工质量保产品质量。

"提高型钢混凝土组合结构节点施工质量验收一次合格率"成果综合评价

1. 总体评价

该成果为现场型课题,QC 小组活动程序完整。选题理由比较充分,设定目标量化。现状调查和效果检查中使用了饼分图,原因分析使用了关联图,能够从"5M1E"角度分析问题。要因确认使用了确认计划表,然后逐项确认,方法正确。实施过程中有部分图片印证实施过程和效果。在巩固阶段做了标准化工作,编制了企业施工工艺标准,对以后类似工程有很好的指导作用。

2. 不足之处

(1)要因确认中如果有图片印证确认内容则更具说服力。

(2)实施阶段的图片如果能直接与分析出的问题相对应则更直观。

(3)实施中如果能增加一些详细照片及每一阶段增加一些照片,更直观地展示与问题相对应的节点实施过程和效果,做到图文并茂,则更为完善。

(4)统计工具运用偏少,建议多学习统计工具知识,加强新七种统计工具的运用。

(点评人:×××)

6.1.2 攻关型 QC 成果案例及点评

提高 H 型钢桁架整体贯穿大型圆管柱的制作质量
××××建筑集团有限公司××钢结构 QC 小组

1. 工程概况

××大学××学院分为学生活动中心和会议中心两部分,两单体均为钢桁架结构。

活动中心主体由平台结构、看台结构及屋顶结构组成。平台结构分为 2 层,由两侧圆管柱及中间 H 型钢桁架片拼装而成,共计 6 榀,最大楼面层高达到 13.93m,钢结构施工工期为×年×月×日~×年×月×日。项目建成后,将成为××大学文化建设的一项标志性建筑物。该工程是我公司的关注项目,目标是争创"××杯"。

该工程设计新颖,结构美观,整体结构呈半圆筒体状,平台结构采用的 12 根大型的圆管柱(最大直径 1.0m)和桁架片(高度 2.0m),H 型钢桁架片上下弦杆整个贯穿圆管柱,使整个看台桁架形成一个整体,但由于看台部分悬挑 9m,且每片桁架角度不同,制作上如何保证贯穿节点做法对整个桁架的安装质量至关重要。本课题将围绕这个问题展开。

2. QC 活动小组简介

QC 活动小组简介见表 6-29。

小　组　简　介　　　　　　　　　　　　　　　表 6-29

小组名称	××××钢结构 QC 小组					注册日期	×年×月
课题名称	提高 H 型钢桁架整体贯穿大型圆管柱的制作质量					课题注册号	SZEJGJG2011-11
活动日期	×年×月～×年×月					小组注册号	SZEJ-GJG-001
小组人数	11	平均年龄		38		小组类型	攻关型
序号	组内职务	姓名	性别	年龄	文化程度	职务	组内分工
1	组长	××	男	36	大专	集团质量处处长	组织领导
2	副组长	×××	男	37	大专	主任工程师	组织统筹
3	组员	×××	男	30	本科	项目经理	组织实施
4	组员	×××	女	30	本科	技术科科长	技术分析
5	组员	×××	男	29	本科	项目工程师	资料收集
6	组员	××	男	28	本科	质量员	车间制作质量
7	组员	×××	男	52	大专	车间主任	车间组织
8	组员	×××	男	50	高中	车间技术主任	车间技术支持
9	组员	×××	男	27	本科	车间技术副主任	车间技术支持
10	组员	×××	男	41	高中	制作工人	
11	组员	×××	男	43	中专	制作工人	

制表人：××　　　　　　　　　　　　　　　　　　制表日期：×年×月×日

3. 选题理由

本工程施工难度较大，特别是两侧大型圆管柱及中间的 H 型桁架片，总重量达到 8t，展开面积将近 90m²，无论是钢构件的制作还是安装，都给我们带来了很大的挑战。项目部对近 1～2 年施工的 3 个类似结构体系的工程进行检查，针对钢桁架在工厂制作、现场拼装、吊装的施工质量的难点、关键点提出了三个课题：①提高 H 型钢桁架整体贯穿大型圆管柱制作质量；②提高 H 型钢桁架整体贯穿大型圆管柱现场拼装质量；③提高 H 型钢桁架整体贯穿大型圆管柱吊装质量。我们部分组员对这三个课题进行了调查、对比、分析，见表 6-30。

工程质量难点、关键点对比表　　　　　　　　　表 6-30

序号	项目名称	组员项目	×××	××	×××	××	××	×××	×××	×××	综合得分
1	工厂制作	重要性	★	★	●	★	●	★	★	●	110
		难易性	●	●	●	●	●	●	●	★	
		时间性	▲	●	▲	●	●	▲	▲	●	
		预期效果	★	★	●	★	●	●	★	★	
2	现场拼装	重要性	●	●	★	●	★	▲	●	●	80
		难易性	●	▲	▲	●	▲	▲	▲	●	
		时间性	●	●	●	▲	▲	▲	●	●	
		预期效果	●	●	●	●	●	▲	●	●	

续表

序号	项目名称	组员项目	×××	××	×××	××	××	×××	×××	×××	综合得分
3	吊装	重要性 难易性 时间性 预期效果	● ▲ ▲ ▲	● ▲ ▲ ▲	★ ▲ ▲ ●	▲ ▲ ▲ ▲	★ ▲ ▲ ●	● ▲ ▲ ●	● ▲ ● ▲	▲ ● ▲ ●	60

制表人：×× 制表日期：×年×月×日

注：★—5分；●—3分；▲—1分。

经过调查对比，工厂制作质量是我 QC 小组首要的攻关项目，因此我小组的选题为：提高 H 型钢桁架整体贯穿大型圆管柱制作质量。

4. 现状调查

我们 QC 小组采用"头脑风暴法"进行分析工厂制作时出现的一些影响质量的主要问题，如圆管柱两侧牛腿高低不平、偏扭，焊缝质量达不到要求等。结合现场实际，参照《钢结构施工质量验收规范》GB 50205 规定的标准，QC 小组对车间类似的钢桁架加工质量随机抽查了 240 个点，通过调查分析，包含下列 5 大类问题，统计结果见表 6-31 及图 6-17。

钢构件制作缺陷检查表 表 6-31

序号	检查项目	圆管柱两侧牛腿平直度差	焊缝质量差	桁架整体垂直度差	圆管柱垂直度差	紧固件孔位偏差	抽查点数	合格	合格率（%）
1	××广场	8	6	2	1	0	80	66	82.5
2	××科技学院	9	7	1	0	1	80	65	81.25
3	××公交	6	6	2	1	1	80	66	82.5
4	合计	23	19	5	2	2	240	197	82.1

制表人：×× 制表日期：×年×月×日

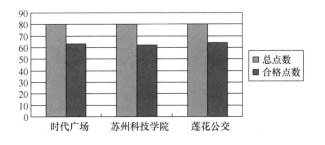

图 6-17 合格率柱状统计图

制图人：×× 制图日期：×年×月×日

从上述表图中看出，钢桁架制作质量合格点数为 197 点，其合格率为 82.1%，离优质工程的 92% 还有较大的差距。我们对这些数据中不合格点进行统计、分析、归纳（表 6-32），并绘制了排列图（图 6-18）。

质量缺陷统计表　　　　　　　　　　　　表 6-32

序号	缺陷问题	频数	频率（%）	累计频率（%）
1	圆管柱两侧牛腿平直度差	23	45	45
2	焊缝质量差	19	37	82
3	桁架整体垂直度差	5	10	92
4	圆管柱垂直度差	2	4	96
5	紧固件孔位偏差	2	4	100
	总　计	51		

制表人：××　　　　　　　　　　　　　　　　　制表日期：×年×月×日

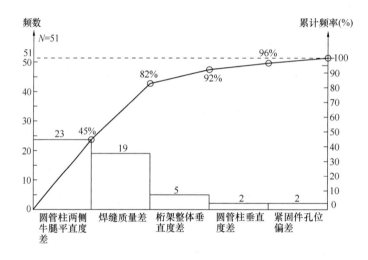

图 6-18　影响钢桁架整体贯穿大型圆管柱制作质量排列图

制图人：××　　　　　　　　　　　　　制图日期：×年×月×日

根据排列图分析，钢桁架整体贯穿大型圆管柱制作质量的主要问题有"圆管柱两侧牛腿平直度差"及"焊缝质量差"，其累计频率达到 82%，故我们得出，影响钢桁架整体贯穿大型圆管柱制作质量的主要问题是"圆管柱两侧牛腿平直度差"和"焊缝质量差"。

通过以上调查分析，钢桁架整体贯穿大型圆管柱制作质量的不合格率为 18%。从排列图中可以看出，影响钢桁架整体贯穿大型圆管柱制作质量的两个主要问题占 82%，如果我们将 2 个主要问题解决，能够提高 15%，分析如下：（1−82%）×82%＝15%，且实施过程中其他问题也能解决，所以 82%＋15%＝97%。

根据《钢结构施工质量验收规范》GB 50205 及《建筑工程施工质量验收资料》，钢牛腿在连接处的平直度允许偏差不大于 1.5mm。焊缝变形量控制国家规范中并未做具体规定，根据我公司内部制定企业标准及工艺控制标准，焊接收缩变形允许偏差不大于 3mm。

5. 确定课题目标

我们 QC 小组经过集体讨论和分析，设定目标：保证钢桁架整体贯穿大型圆管柱制作质量自测合格率在 95% 以上。同时保证：

（1）圆管柱两侧牛腿平直度误差控制在 1.5mm 以内；

（2）焊缝收缩变形控制在 2mm 以内。

6. 原因分析

(1) 原因分析：QC 小组在加工车间会议室召开了原因分析会，对存在的问题进行了集中讨论，大家集思广益，将影响钢桁架整体贯穿大型圆管柱质量的主要问题进行了原因分析，并进行了归纳整理，绘制了关联图，见图 6-19。

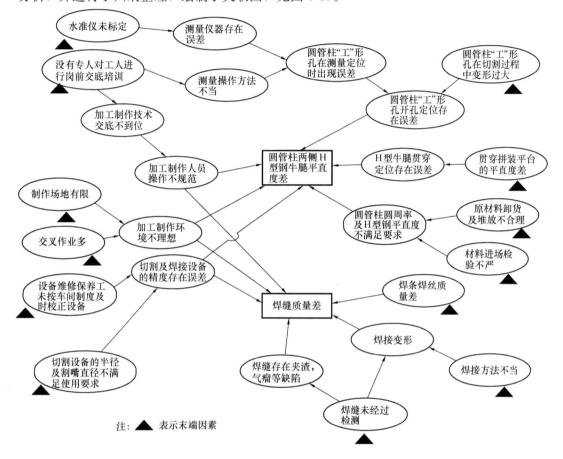

图 6-19 影响钢桁架整体贯穿大型圆管柱质量原因分析关联图

绘图人：××   审核人：××   制图日期：×年×月×日

(2) 要因确认：通过原因分析，我们找出了影响钢桁架整体贯穿大型圆管柱制作质量的末端原因，为了找出末端原因中的要因我们制定了要因确认计划（表 6-33），并安排责任人对 13 个末端原因分别进行了分析确认，具体见表 6-34～表 6-46。

要因确认计划表   表 6-33

序	末端原因	确认方法	确认内容	标 准	负责人	完成时间
1	没有专人对工人进行岗前交底培训	调查分析查看资料	检查车间的培训记录，并对工人的培训情况进行书面成绩考察	工人岗前培训率100%，考核优良率100%	×××××	×月×日
2	原材料进场检验时责任心差	查看资料	查看原材料进场检查记录，查看记录是否完整，是否详尽，检测报告是否合格	材料进场记录详尽，检测报告合格	×××××	×月×日

147

序	末端原因	确认方法	确认内容	标　准	负责人	完成时间
3	原材料卸货及堆放不合理	调查分析现场了解	调查分析原材料卸货堆放是否按要求，是否正确，是否有专人监控	按要求卸货堆放，专人巡检监控	××× ×××	×月×日
4	设备维修工未按车间制度及时校正设备	查看资料材料实测	查看设备校正记录是否按时，校正记录是否齐全详尽，是否对设备加工的材料精度进行复测	所有加工制作设备校正合格	××× ××	×月×日
5	切割设备的操作半径及割嘴直径过小	调查分析现场了解	查看切割设备的操作半径、割嘴直径大小等参数是否满足开孔定位的要求	所有设备的规格参数必须满足使用要求	××× ×××	×月×日
6	圆管柱"工"形孔在切割过程中变形过大	现场试验实地测量	"工"形孔开设过程中及完成后，采用水平靠尺复测，查看误差是否控制在允许偏差以内	允许偏差控制在1.5mm以内	××× ××	×月×日
7	焊条焊丝质量差	查看资料	查看焊条焊丝进场记录，检查产品质量证明等是否齐全有效	产品质量证明等是否齐全有效	××× ×××	×月×日
8	焊接方法不当	现场调查查看资料	焊接方式是否会引起构件变形，焊接后是否在规范允许偏差内，是否符合焊接作业工艺要求	在规范允许偏差内，符合焊接施工工艺要求	××× ×××	×月×日
9	焊缝未经过检测	现场调查	委托第三方进行焊缝探伤试验	焊缝探伤100%合格	××	×月×日
10	水准仪未标定	查看资料现场调查	检查测量仪器出厂合格证及标定记录，定期对仪器进行维护和检查	仪器合格证齐全，标定记录齐全，操作规范	××× ×××	×月×日
11	交叉作业多	现场调查	车间加工制作是否流水作业	流水作业，无交叉作业	×××	×月×日
12	制作场地有限	现场调查	是否在同一块场地有不同工序的加工制作班组在作业	每个加工制作节点有独立场地	×××	×月×日
13	贯穿拼装平台的平直度差	现场调查实地测量	测量平台水平度，采用水平仪等复测，正负误差是否控制在允许偏差以内	允许偏差控制在±1.5mm以内	××× ××	×月×日

制表人：××　　　审核人：×××　　　　　　　　　　　　制表日期：×年×月×日

要因1确认过程　　　　　　　　　　　　　　　表6-34

确认方法	确认内容	标　准	确认人	确认时间
调查分析查看资料	检查车间的培训记录，并对工人的培训情况进行书面成绩考察	工人岗前培训率100%，考核优良率100%	×× ×××	×年×月×日

验证结果：车间培训记录完整，在加工制作前对参与本项目加工制作的52个工人进行了岗前培训，并对培训情况作了考核，考核优良率达到100%

培训考核成绩表

考核项目	优	良	中	差
方案熟悉程度	8	1	0	0
质量意识	13	0	0	0
理论知识	6	1	0	0
操作技能	21	2	0	0

记录人：××

结论：没有专人对工人进行岗前交底培训不是影响钢桁架整体贯穿圆管柱制作质量的主要原因

要因 2 确认过程　　　　　　　　　　　　　　　　　　　表 6-35

确认方法	确认内容	标　　准	确认人	确认时间
查看资料	查看原材料进场检查记录，查看记录是否完整，是否详尽，检测报告是否合格	原材料质量合格证明齐全有效，检测报告全部合格	××× ×××	×年×月×日

验证结果：小组于×年×月×日对进场材料特别是圆钢管及 H 型钢进行了检验，结果如下：

质量证明报告及钢材检测报告显示，原材料质量均符合设计图纸及钢结构验收规范要求

结论：原材料进场检验时责任心差不是影响钢桁架整体贯穿圆管柱制作质量的主要原因

要因 3 确认过程　　　　　　　　　　　　　　　　　　　表 6-36

确认方法	确认内容	标　　准	确认人	确认时间
调查分析 现场了解	调查分析原材料卸货堆放是否按要求，是否正确，是否有专人监控	按要求卸货堆放，专人巡检监控	××× ×××	×年×月×日

验证结果：材料科及车间安排了专人负责原材料进行卸货和堆放，并对材料的周转和库存定期盘点，及时监控材料的使用和存放

结论：原材料卸货及堆放不合理不是影响钢桁架整体贯穿圆管柱制作质量的主要原因

要因 4 确认过程　　　　　　　　　　　　　　　　　　　表 6-37

确认方法	确认内容	标　　准	确认人	确认时间
查看资料 材料实测	查看设备校正记录是否按时，校正记录是否齐全详尽，是否对设备加工的材料精度进行复测	所有加工制作设备校正合格	××× ××	×年×月×日

验证结果：QC 小组对车间的加工设备进行了检查，所有设备均定期进行保养和维护，资料记录齐全，设备运行情况良好，满足使用要求

结论：设备维修工未按车间制度及时校正设备不是影响钢桁架整体贯穿圆管柱制作质量的主要原因

要因5确认过程　　　　　　　　　　　　　　　　　　　　表6-38

确认方法	确认内容	标　准	确认人	确认时间
调查分析现场了解	查看切割设备的操作半径、割嘴直径大小等参数是否满足开孔定位的要求	所有设备的规格参数必须满足使用要求	×××××	×年×月×日

验证结果：正式加工前我们对钢构件进行了试验性切割，根据切割情况调整切割设备的操作半径、割嘴直径大小，使之满足使用要求

设备调试前后对比

考核项目	调整前	调整后
操作半径	800mm	1000mm
割嘴直径	3mm	2mm
割嘴角度	90°	任意角度
滑轮旋转	180°	360°

记录人：××

结论：切割设备的操作半径及割嘴直径过小不是影响钢桁架整体贯穿圆管柱制作质量的主要原因

要因6确认过程　　　　　　　　　　　　　　　　　　　　表6-39

确认方法	确认内容	标　准	确认人	确认时间
现场试验实地测量	"工"形孔开设过程中及完成后，采用水平靠尺复测，查看误差是否控制在允许偏差以内	允许偏差控制在2mm以内	×××××	×年×月×日

验证结果：车间利用原有1m直径的短钢管做"工"形孔开孔试验，QC小组观察了"工"形孔切割的整个试验过程，发现采用传统工艺即直接切割开孔时由于钢板局部受热不均导致变形过大，小组成员对切割孔的精度进行了了的测量，切割测量点位布置及测量数据如下

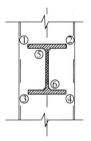

"工"形孔切割处变形测量记录

测量点编号	切割变形（mm）
1	4
2	2.5
3	3
4	5
5	4.5
6	3.5

从表中数据可以看出，切割处的变形最大达到了5mm，严重影响了开孔的精度，给以后的牛腿贯穿组装及焊接工作带来了很大的影响

结论：圆管柱"工"形孔在切割过程中变形过大是影响钢桁架整体贯穿圆管柱制作质量的主要原因

要因7确认过程　　　　　　　　　　　　　　　　　　　　表6-40

确认方法	确认内容	标　准	确认人	确认时间
查看资料	查看焊条焊丝进场记录，检查产品质量证明等是否齐全有效	产品质量证明等是否齐全有效	×××××××	×年×月×日

确认方法	确认内容	标　准	确认人	确认时间

验证结果：小组于×年×月×日对进场材料特别是圆钢管及 H 型钢进行了检验，结果如下

常 州 市 运 河 焊 材 有 限 公 司

CHANGZHOU CITY YUNHE WELDING MATERIAL CO., LTD.

焊丝质量证明　　　　　　　　　　NO:　　00001100

QUALITY CERTIFICATION

客户单位　苏州工业园区阳光物资有限公司 Client					产品名称　H08A 4.0mm焊线 Product			生产批号　14010863 Batch No		发货日期　2011-08-26 Deliver	

焊丝化学成分(%) Chemical Component of Welding Wires										外型尺寸 External Dimension	表面质量 Surface Quality
成分 Element	碳C	硅Si	锰Mn	磷P	硫S	镍Ni	铬Cr	铜Cu	钒V	钼Mo	钛Ti		
标准 Requirement	≤0.10	≤0.03	0.35-0.60	≤0.030	≤0.030	≤0.30	≤0.20	≤0.20				合格	合格
实测值 Test Value	0.070	0.030	0.520	0.019	0.014	0.022	0.020	0.180					

熔敷金属机械性能实验 (Deposited Metal Tester of Mechanical Property)				
屈服强度 $\sigma_{0.2}$ (Mpa) Yield Strenth	抗拉强度 σ_b (Mpa) Tensile Strength	延伸率 δ_5 (%) Percentage Elongation	冲击吸收功(J) Impact value	实验温度℃ Test Temperature
380	482	27	41	-20

地址(Address)：江苏省常州市武进区遥观镇　　　　检验标准(SPECIFICATION)：GB/T14957-94　　检验员(VERIFIER)：赵亚俊

网址(Website)：www.czyunho.com　　　　　　　　检验章(QULITY STAMP)：

电话(Tel)：0519-88701430、88707690

传真(Fax)：0519-88700705

质量证明报告显示，焊条焊丝质量均符合设计图纸及钢结构验收规范要求

结论：焊条焊丝质量差不是影响钢桁架整体贯穿圆管柱制作质量的主要原因

要因 8 确认过程　　　　　　　　　　　　　　　　　　表 6-41

确认方法	确认内容	标　准	确认人	确认时间
现场调查 查看资料	焊接方式是否会引起构件变形，焊接后是否在规范允许偏差内，是否按照焊接作业工艺要求	在规范允许偏差内，符合焊接施工工艺要求	××× ××	×年×月×日

验证结果：经过现场调查及查看车间原始记录，焊接过后会引起变形，首先单人单机单方向焊接对构件变形有影响，其次焊接工程中未合理设置应力释放孔也能导致焊缝的收缩变形。我们对试验性加工的圆管柱牛腿（接近设计要求）进行实测，与理论计算的收缩变形量进行比较，实测数据见下表

焊接收缩余量实测偏差表

序号	构件编号	标准（mm）	实测位置数	合格数量	合格率（%）
1	HJ1-1	2	10	8	80%
2	HJ1-2	2	10	7	70%
3	HJ1-3	2	10	7	70%
4	HJ1-4	2	10	8	80%

实测人：××、×××

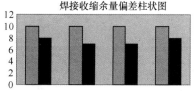

焊接收缩余量偏差柱状图

合格率平均值为（80%+70%+70%+80%）/4＝75%，达不到钢结构质量要求的 85% 的合格率，焊接方法影响了构件的加工制作质量

结论：焊接方法不当是影响钢桁架整体贯穿圆管柱梁制作质量的主要原因

要因 9 确认过程   表 6-42

确认方法	确认内容	标　准	确认人	确认时间
现场调查	委托第三方进行焊缝探伤试验	焊缝探伤 100％合格	×××	×年×月×日

验证结果：焊接完成后，我司委托了具有专业资质的第三方检测机构对所有焊缝进行了探伤试验，所有焊缝100％合格

结论：焊缝未经探伤不是影响钢桁架整体贯穿圆管柱制作质量的主要原因

要因 10 确认过程   表 6-43

确认方法	确认内容	标　准	确认人	确认时间
查看资料 现场调查	检查测量仪器出厂合格证及标定记录，定期对仪器进行维护和检查	仪器合格证齐全，标定记录齐全，操作规范	×× ×××	×年×月×日

验证结果：测量仪器出厂合格证及标定记录齐全，并有定期对仪器进行维护和检查记录

结论：测量仪器存在误差不是影响钢桁架整体贯穿圆管柱制作质量的主要原因

要因 11 确认过程   表 6-44

确认方法	确认内容	标　准	确认人	确认时间
现场调查	车间加工制作是否流水作业	流水作业，无交叉作业	×××	×年×月×日

验证结果：针对不同项目的实际情况，车间技术负责人编制加工制作流程，作为交底的内容，通过合理安排操作流程，车间加工制作场地可以满足使用要求

 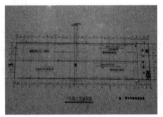

结论：交叉作业多不是影响钢桁架整体贯穿圆管柱制作质量的主要原因

要因 12 确认过程   表 6-45

确认方法	确认内容	标　准	确认人	确认时间
现场调查	是否在同一块场地有不同工序的加工制作班组在作业	每个加工制作的节点均按操作流程具备单独的场地	××× ×××	×年×月×日

验证结果：车间通过流水作业，每个加工制作环节均有足够并且单独的场地，不存在交叉作业情况。工人在车间独立立地进行制作，见下表

序号	流程	场地 1	场地 2	场地 3	场地 4
1	焊接前道工序区	✓			
2	精加工区		✓		
3	拼装区			✓	
4	油漆区				✓

结论：制作场地有限不是影响钢桁架整体贯穿圆管柱制作质量的主要原因

要因 13 确认过程   表 6-46

确认方法	确认内容	标　　准	确认人	确认时间
现场调查 实地测量	测量平台水平度，采用水平仪等复测，正负误差是否控制在允许偏差以内	允许偏差控制在±1.5mm 以内	×× ××	×年×月×日

验证结果：我们小组对现有的拼装平台的平整度进行了测量，共做了 4 组测量，测量数据见下表

验证结果：拼装平台平整度实测偏差表

序号	测量时间	标准（mm）	实测个数	合格个数（个）	合格率（%）
1	11.05.25	±1.5	14	11	78.6
2	11.05.25	±1.5	12	9	75.0
3	11.05.26	±1.5	11	9	81.8
4	11.05.26	±1.5	12	9	75.0

实测人：××、×××

现场实测贯穿拼装平台平整度偏差合格率为 77.6%，拼装平台平整度差，钢桁架在贯穿圆管柱时，造成两侧牛腿的平直度产生偏差，影响制作质量

结论：贯穿拼装平台水平度差是影响钢桁架整体贯穿圆管柱制作质量的主要原因

（3）确认主要原因：通过以上的要因确认，我们得出了影响大型钢桁架整体贯穿圆管柱制作质量的主要原因如下。

1）圆管柱"工"形孔在切割过程中变形过大；

2）贯穿拼装平台平直度差；

3）焊接方法不当。

7. 制定对策

（1）QC 小组针对以上影响大型钢桁架整体贯穿圆管柱制作质量的 3 个主要原因进行了专项的分析研究，组员们分别提出了对策，根据提出对策的特点，我们从有效性、可行性、可靠性和经济性 4 个方面对所提出的对策进行测评（表 6-47）。

对 策 测 评 表   表 6-47

序号	主要原因	对策	对策特点	分析				综合得分	选型方案
				有效性	可行性	可靠性	经济性		
1	圆管柱"工"形孔在切割过程中变形过大	采用"留点"切割的方法	1. 简单、实用 2. 有针对性，对症下药 3. 数控操作方便	切割后变形控制效果好	方法简单有针对性	方法经过试验	切割工艺费时	17	√
				5	5	4	3		
		传统切割方法	1. 切割后变形较大 2. 操作复杂	切割后变形大	方法单一	传统方法，无针对性	变形矫正费时费力	13	
				3	4	3	3		

续表

序号	主要原因	对策	对策特点	有效性	可行性	可靠性	经济性	综合得分	选型方案
2	贯穿拼装平台平直度差	重新搭设总拼平台	1. 工作量大、测量工作大 2. 其他在地样上操作的工作需要暂停, 时间相对长, 协调量大	效果好	工厂场地有限	效果好	工作量大产生费用大	14	
				5	2	5	2		
		利用相贯线切割平台, 调整水平度	1. 工作量小, 可采取前割后拼的流水作业 2. 需要协调的量少, 不影响其他工作 3. 有针对性	有针对性的调整, 能保证符合要求	利用原有平台不占空间	调整后平台控制效果很好	在原平台上稍作调整, 工作量小	17	√
				4	5	4	4		
3	焊接方法不当	采用双人对称于中轴的焊接和由中间向两侧焊接, 焊接关键位置开设应力释放孔	1. 简单、实用 2. 有针对性, 对症下药 3. 减少焊接变形	焊接效果好	焊接方法实用有针对性	焊接方法经过试验	焊接方法增加人工费	18	√
				5	5	5	3		
		常规方法, 直接进行焊接	1. 需要经常滚动数控机床 2. 操作复杂, 焊接有变形	焊接容易产生变形	机床操作起来繁琐	传统方法的针对性差	常规做法不增加费用	13	
				3	3	3	4		

制表人：×× 　　　　审核人：×× 　　　　制表日期：×年×月×日

注：5—很好，4—好，3——一般，2—差，1—很差。

（2）根据对策测评表中选定的方案，小组成员们又对方案进行细化，制定出具体实施措施及目标，将每个任务分配到每个成员见表6-48。

对　策　表　　　　　　　　　　表6-48

序号	主要原因	对策	目标	措施	地点	时间	负责人
1	圆管柱"工"形孔在切割过程中变形过大	采用"留点"切割的方法	允许偏差控制在2mm以内	1. 编制有针对性的相贯线切割技术交底 2. 由车间技术负责人交底到每个管理人员及各个加工班组长, 再由各个车间技术管理人员交底到每个工人 3. 在切割过程中不进行连续的切割, 在"工"形孔4角点"留点", 冷却一段时间到基本同温时采用手工切割割除各"留点"	加工车间精加工区	×年×月×日	×××××

序号	主要原因	对　策	目　标	措　施	地点	时间	负责人
2	贯穿拼装平台平直度差	利用相贯线切割机后侧平台拼装	允许偏差控制在±1.5mm以内	1. 针对本工程特点，编制贯穿拼装平台的方案，采用相贯线切割设备平台后部作为贯穿拼装平台，平台上的滑块支架作为圆管柱支撑系统 2. 由车间技术负责人交底到制作工人，制作拼装平台 3. 拼装前将滑块支架及圆管柱分别固定，由专人测量所有支撑点的标高，误差控制在±1.5mm以内	加工车间拼装区	×年×月×日	××× ××× ××
3	焊接方法不当	采用双人对称于中轴的焊接和由中间向两侧焊接；焊接关键位置开设应力释放孔	在规范允许偏差内，符合焊接施工工艺要求；焊接变形合格率达到85%以上；焊缝质量符合设计规范要求	1. 编制有针对性的焊接方法技术交底 2. 对有丰富经验的焊工进行培训，确保掌握工艺要领 3. 采用对称焊及跳焊法焊接 4. 在焊缝关键位置设置应力孔，减少焊接过程的变形 5. 由第三方检测单位对焊缝探伤	加工车间拼装区	×年×月×日	××× ×× ×××

制表人：×× 　　　　　　审核人：×× 　　　　　　制表日期：×年×月×日

8. 对策实施

实施过程一：圆管柱"工"形孔在切割过程中变形过大

本工程圆管柱直径 1000mm，厚度 25mm，采用相贯线切割机在大曲面上切割厚度较厚的钢板极易造成钢板切割处的切割变形，切割后的钢板形状可能无法满足后续 H 型钢贯穿的要求，公司技术科与车间经过多次的探讨及反复的试验，最终制定了"留点切割"的方案，×年×月，项目技术负责人×× 正式编制了相贯线切割方案，经过 QC 小组讨论，得到了一致认可，并报单位总工审批。新切割方案由车间技术负责人交底到每个管理人员及各个加工班组长，再由各个班组长交底到每个工人，确保工人熟悉与掌握内容及方法。小组安排××、××× 两位组员全过程跟踪参与。

新切割方案：①根据图纸在圆管柱对称位置弹线作为切割基准线；②以切割基准线为轴心，在圆管柱上划出"工"形孔轮廓线，并标示出留点位置；③将切割信息输入相贯线切割机。切割钢板时，相贯线切割机割嘴不进行连续的切割，在"工"形孔指定位置"留点"，冷却一段时间到基本同温时采用手工切割割除各"留点"，避免由于切割机切割方式不合理而造成钢板切割位置的变形。切割时保持割嘴与圆管面成 60°角是割缝成坡口形状。

对开好的"工"形孔进行测量打磨图、"工"形孔切割留点位置图、"工"形孔切割完成图，此处略。

阶段性实施效果检查：

"工"形孔切割完成后,我们对切割处的钢板布置监测点,对检测点的变形进行了测量,并做好测量记录(表 6-49、图 6-20)。

"工"形孔切割处变形复测记录　　　　　　表 6-49

序号	构件编号	点数(个)	合格点数(个)	合格率(%)
1	YGZ1-1	18	18	100
2	YGZ1-2	18	17	94.2
3	YGZ1-3	18	17	94.2
4	YGZ1-4	18	18	100
5	YGZ1-5	18	17	94.2
6	YGZ1-6	18	18	100
7	YGZ2-1	18	18	100
8	YGZ2-2	18	18	100
9	YGZ2-3	18	18	100
10	YGZ2-4	18	17	94.2
11	YGZ2-5	18	16	94.2
12	YGZ2-6	18	18	100

制表人:××　　　　　　　　　　制表日期:×年×月×日

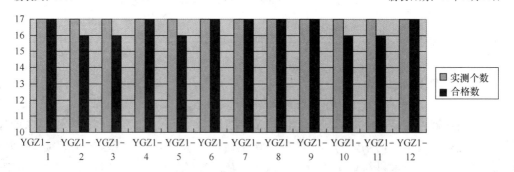

图 6-20　"工"形孔切割处变形复测记录柱状图
制图人:××　　制图日期:×年×月×日

从表中数据看出,"工"形孔切割处变形的平均合格率为(100%×7+94.2×5)/12＝97.58%。由此可见切割处钢板的变形问题得到了很好的控制。

结论:新切割方案的实施大大减少了钢板的变形,为下一步 H 型钢桁架贯穿的精确度提供了可靠的保障。

实施过程二:贯穿拼装平台水平度差

本工程单根圆管柱长度达到 9.8m,重量达到 8t,如果再加上 H 型钢牛腿,重量将达到 9t,展开面积也将达到 80m²,总拼贯穿时如果重新搭设平台,势必费力费料,更重要的是将影响工期。×年×月×日,由××、×××、××× 三位小组成员经过实地考量,报小组讨论后,小组一致认为可以运用相贯线切割机平台作为 H 型钢牛腿贯穿圆管柱的拼装平台。相贯线切割机平台总长接近 30m,作业时可以将前部用来进行"工"形孔切割工作,而后部区域用来进行贯穿拼装作业。这样切割和拼装可以形成流水作业,不仅省时省力，同时也节省了空间。技术科编制成了拼装平台的方案，并由车间技术负责人交底到制作工人。

拼装平台有几组滑块支架组成，牛腿贯穿拼装时将切割完毕的圆管柱放置于支架上，用垫铁固定，调整好"工"形孔位置，然后将制作好的 H 型钢牛腿贯穿入圆管柱。因此如何保证拼装平台的水平度就成了拼装环节的首要问题。

为此，我们 QC 小组和技术科及车间深入探讨，编制了相关的测量方案：

①首先将几组滑块支架在平台轨道上按照圆管柱长度等分展开，保证支架间的间距一定，支架和轨道用插销固定。

②其次按照构件的拼装高度，将支架调节到相应的高度。

③然后我们 QC 小组用水准仪对各个支架的高度进行反复的测量抄平调整，直至所有支架均在同一水平线上。

实施效果检查：

拼装完成后，采用水平仪对任意 2 榀桁架的拼装平台进行测量，得到最大标高的误差点统计数据，统计如表 6-50 所示，并制作平台水平控制点数据折线图（图 6-21）。

平台水平控制点实测数据　　　　　　　　　　　　　表 6-50

桁架序号	检查点	允许偏差 h（mm）	实测值 h'（mm）
HJ1-1	支架 1	±1.5	1.1
	支架 2	±1.5	0.4
	支架 3	±1.5	−1.0
	支架 4	±1.5	0.9
	支架 5	±1.5	−0.6
HJ1-2	支架 1	±1.5	−1.1
	支架 2	±1.5	0.8
	支架 3	±1.5	1.2
	支架 4	±1.5	−0.8
	支架 5	±1.5	1.0

制表人：××　　　　　　　　　　　　　　　　　　制表日期：×年×月×日

结论：对策实施后，拼装平台最大标高的误差均在 1.5mm 之内，完成既定目标，能够达到 H 型钢桁架贯穿总拼的水平度要求。

实施过程三：焊接方法不当

本工程圆管柱所用钢板厚度为 25mm，H 型钢桁架贯穿完成后焊缝较多，且焊缝之间的间隔也较短，在试验性焊接时，首先采用气保焊进行打底，然后由技术熟练的焊工单人单向进行焊接，焊接完成后发现圆管柱两侧牛腿出现高低不平、扭转等缺陷，焊缝质量也较差。

×年×月×日，针对焊接质量的问题，我们 QC 小组由××负责，从技术及焊接工艺上考量后重新编制了焊接方法，并报单位总工××批准，制定了由双人对称于中轴的焊接和由中间向两侧焊接的方案。并由车间技术负责人选取有经验的焊工进行培训及技术交底，确保操作工人掌握焊接工艺要领。小组安排组员×××、×××全过程跟踪检查。

焊接前，QC 小组根据理论计算和实践经验，在焊件备料及加工时预先考虑了收缩余

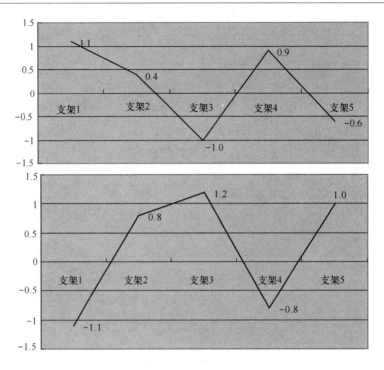

图 6-21 平台水平控制点数据折线图

制图人：×× 制图日期：×年×月×日

量。焊接时，先焊错开的短焊缝，再焊直通长焊缝，以防在焊缝交接处产生裂纹。并采用逐步退焊法和跳焊法，使焊接周围环境的温度分布较均匀。

从而更好地减少焊接变形，焊接过程中我们又采取了如下附加措施：

（1）"工"形孔切割时预先开设坡口，同时在管壁内侧焊缝位置加设 40mm×4mm 扁铁作为引弧板，从而减少焊缝宽度；

（2）尽可能采用 CO_2 气体保护焊等焊接热源比较集中的焊接方法进行焊接；

（3）与此同时，为了更好地抵消焊接时产生的应力，我们在"工"形孔切割时，即在圆管面相应位置开设应力释放孔。

实施效果检查：

圆管柱牛腿焊接完成后，我们在"工"形牛腿截面的焊缝布置了检查点，对焊缝的收缩变形及外观质量进行了检查，并做了检查记录（表 6-51、图 6-22）。

焊缝收缩变形情况记录 表 6-51

序号	构件编号	点数（个）	合格点数（个）	合格率（%）
1	HJ1-1	21	21	100
2	HJ 1-2	21	20	95.2
3	HJ 1-3	21	21	100
4	HJ 1-4	21	19	90.4
5	HJ 1-5	21	21	100
6	HJ 1-6	21	21	100
	平均			97.6

制表人：×× 制表日期：×年×月×日

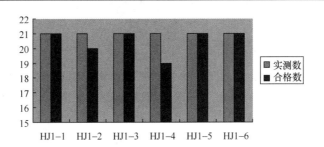

图 6-22 焊接收缩变形记录柱状图

制图人：××   制图日期：×年×月×日

从表中数据看出，焊缝收缩变形平均合格率从 75％上升到 97.6％（图 6-23）。由此焊缝收缩变形的情况得到了很大的改善。

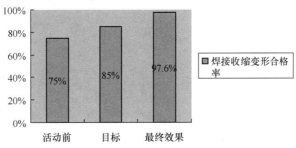

图 6-23 焊接收缩变形合格率柱状图

制图人：××   制图日期：×年×月×日

结论：采用新的焊接方法后，大幅度减少了由于焊接引起的变形，同时焊缝也比较饱满美观。

9. 效果检查

（1）目标效果

通过 PDCA 循环的实施，我们 QC 小组在整个施工过程中进行了深入细致的效果检查，针对影响大型钢桁架整体贯穿圆管柱制作质量的主要问题，我们对所加工的钢构件进行了检查，钢构件的一次性制作成型质量合格率达到了 98.28％，检查结果见表 6-52 及图 6-24，图 6-25 给出了目标完成情况。

H 型钢桁架整体贯穿大圆管柱检查效果表   表 6-52

序号	检查项目	检查点	合格点数	合格率（％）
1	圆管柱两侧牛腿平直度差	28	27	96.42
2	焊缝质量差	20	19	95
3	桁架整体垂直度差	12	12	100
4	圆管柱垂直度差	10	10	100
5	紧固件孔位偏差	10	10	100
	平均			98.28

制表人：××   制表日期：×年×月×日

结论：经检查，通过本次 QC 活动的措施和对策，H 型钢桁架整体贯穿圆管柱加工成

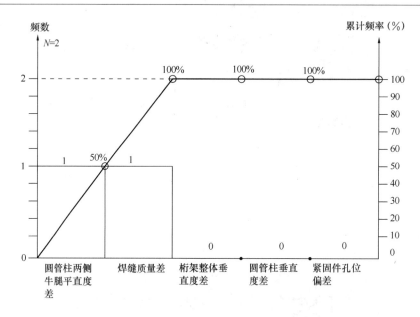

频数

N=2

累计频率（%）

图 6-24　H 型钢桁架整体贯穿大圆管柱检查效果排列图

制图人：××　　　　　　　　　　　　　制图日期：×年×月×日

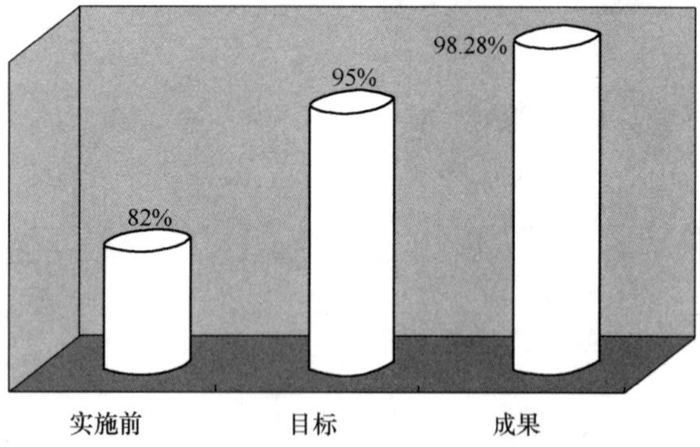

图 6-25　目标完成情况柱状图（合格率）

制图人：××　　　　　　　制图日期：×年×月×日

型质量合格率达到了 98.28％，超过了预期目标，质量符合设计和规范要求。

（2）经济效益

通过本次 QC 活动，我们也取得了一定的经济效益，一是有效缩短了工期 7d，节省了机械台班费 7×1500 元/班＝10500 元、人工费 7×120 元/工×11 人＝10080 元，合计约 20000 元；二是节省了搭设拼装平台的材料费共计 30000 元；扣除 QC 活动经费 3500 元，本次 QC 活动共节约成本 46500 元。

（3）社会效益

本工程作为我项目部及单位今年的重点工程，我们取得了大型钢桁架整体贯穿圆管柱的成功经验。受到了业主、监理的一致好评，为企业赢得了声誉。

经过本工程既有施工的成功经验，为以后类似项目的实施提供了宝贵的经验。

本工程的成功施工，提升了企业形象，树立了良好的口碑，为企业进一步开拓市场增加了砝码，在企业多元化发展的道路上起到了里程碑的作用。

（4）无形效益

在本次 QC 活动后，我们对小组活动全过程进行了总结和回顾。大家一致认为，在 QC 活动中，小组成员学习了全面质量的管理，通过 PDCA 循环，以事实和数据说话，找到了解决问题的方法，使个人能力得到进一步提高，增强了小组成员的团队意识、质量意识、问题意识、改进意识、参与意识和责任意识等。

通过活动，大大提高了大型钢桁架整体贯穿圆管柱的质量，为以后类似工程提供了参考方法，同时也为公司取得了更大的经济和社会效益。

QC 小组自我评价表及雷达图见表 6-53 及图 6-26。

QC 小组自我评价表　表 6-53

项　目	自我评价	
	活动前	活动后
质量意识	80	95
技术水平	70	90
QC 知识	70	90
解决问题能力	65	85
团队精神	70	90

制表人：×× 　制表日期：×年×月×日

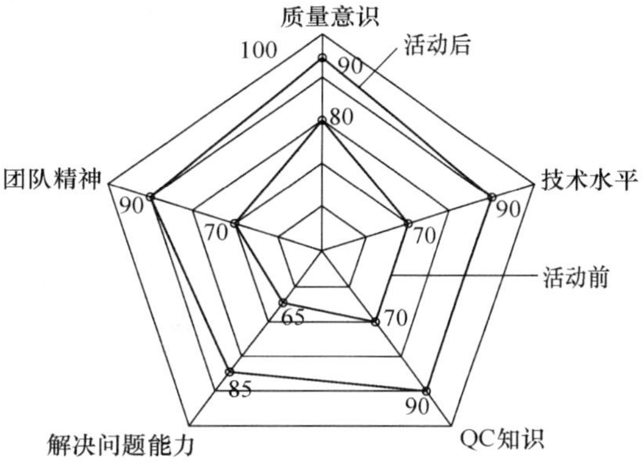

图 6-26　QC 小组自我评价雷达图

我们 QC 小组的成果也获得了各方面的肯定，在×年××市 QC 成果发布会上荣获一等奖。

10. 巩固措施

（1）运用 QC 方法提高施工质量，强化质量意识，从各个方面对施工进行预控；

（2）积极推广运用新材料、新工艺、新技术、新方法，并不断总结提高；

（3）通过本次 QC 小组活动，公司技术科对 H 型钢桁架整体贯穿圆管柱的施工质量控制过程进行经验总结，对《H 型钢桁架整体贯穿圆管柱施工方案》进行完善，编写企业《H 型钢桁架整体贯穿圆管柱制作质量作业指导书（初稿）》，其中关键点包括留点切割法及间断焊接法，经公司总工审核后正式定名（编号 SZEJZYZDS03-2012），并上报集团公司核准备案后正式在公司内部推广，使企业做到以技术为依托，以管理为手段，追求卓越的质量管理。

（4）对后续施工的会议中心工程项目中，我们采用活动中心构件加工的成功经验，小组成员于×年×月下旬对钢桁架整体贯穿圆管柱的制作质量随机抽查了 85 个点，合格率达到 99.42%，质量符合设计和钢结构质量验收规范要求（表 6-54）。

会议中心钢桁架整体贯穿圆管柱制作质量合格率统计表　表 6-54

序号	检查项目	检查点	合格点数	合格率（%）
1	圆管柱两侧牛腿平直度差	35	34	97.14
2	焊缝质量差	20	20	100
3	桁架整体垂直度差	10	10	100
4	圆管柱垂直度差	10	10	100
5	其他	10	10	100
	合计	85		99.42

制表人：×× 　　　　　制表日期：×年×月×日

11. 遗留问题及今后打算

在 QC 活动中，小组成员通过 PDCA 循环，以事实和数据说话，并运用一系列对策和措施使管桁架滑移就位质量得到了保证，实现了既定目标。在今后的工作实践中，我们将围绕"质量"这一永恒主题，不断学习和探索，将持续改进，将 QC 小组活动搞得更好，为企业和社会做出更大的贡献。

"提高 H 型钢桁架整体贯穿大型圆管柱的制作质量"成果综合评价

1. 总体评价

这是一篇自选课题的攻关型 QC 活动成果。小组遵循 PDCA 循环，按照计划开展活动，在现状调查阶段运用了矩阵调查表对影响质量的重点、难点进行了分析，并进一步对数据进行调查与整理，制作了调查表、排列图及柱状分析图，找到了影响钢桁架整体贯穿大型圆管柱制作质量的主要问题是"圆管柱两侧牛腿平直度差"和"焊缝质量差"；用关联图对主要问题进行了分析，找出了 13 个末端因素并通过逐条确认，确定了 3 个要因，确认过程具体、有说服力；对策的制定进行了优选测评，通过对策的制定与实施，实施效果显著，每个实施过程都有阶段性的效果检查，最终达到了活动设定的目标，使钢构件的一次性制作成型质量合格率达到 98.28%，取得了一定的经济效益。小组把活动成果进行整理，形成了企业作业指导书，经后续工程的巩固实践，证明小组活动的成果是行之有效的。

2. 不足之处

(1) 对策方案中采用打分法进行评估，说服力不足，建议采用一些数据进行分析、评价。

(2) 对策实施过程应按照对策表中的措施逐条实施，做到定人、定时、定地点，并针对对策表中的分目标进行阶段性的检查验证，再配上现场实体照片更好。

(3) 经济效益的总结略显简单。

(4) 下一步确定的 QC 活动课题没有进行评估，确定的依据不充分。

(5) 课题名称"提高 H 型钢桁架整体贯穿大型圆管柱的制作质量"建议改为"提高 H 型钢桁架整体贯穿大型圆管柱的制作合格率"。

（点评人：××）

6.1.3　管理型 QC 成果案例及点评

创建环保示范工地
××集团九公司科技部 QC 小组

1. 工程概况

我公司承建的×××研究所分析测试楼工程是国资委投资的科研楼项目，位于××市思源南路。东邻高校铁干院，北邻在建住宅小区，南为居民区，西为核工业××研究所办公保密区。本工程为框架结构，地下 1 层，地上 9 层。建筑面积 7745m²。安装工程由给水排水、消防、通风、自喷等系统组成。室内全部高档精装修，外墙采用新型金属饰面复合保温板和石材，工程设计豪华、时尚、典雅，是思源路的一个亮点。本工程场地狭小，西边为陈旧车库，北边为垃圾场，围墙破旧。在建项目噪声扰民、垃圾排放量大、扬尘等现象时有发生。

2. 小组概况

（1）小组简介（表 6-55）

小组简介表 表 6-55

小组名称		××集团九公司科技部 QC 小组			注册时间	×年×月×日
课题类型	管理型	课题注册日期		×年×月×日	小组人数	15 人
课题注册号	××-QC09-2	课题名称	创建环保示范工地		培训情况	66h/人

组员基本情况

序号	姓名	性别	年龄	文化程度	职称	职务	组内分工
1	×××	男	46	研究生	高工	项目经理	组长
2	×××	男	58	大专	经济师	顾问	成果审核
3	×××	男	40	大专	工程师	综合部长	召集协调
4	×××	男	40	大专	工程师	技术负责	技术负责
5	×××	男	40	本科	工程师	技术部长	技术员
6	×××	男	43	大专	工程师	质量员	质量管理
7	×××	男	46	大专	助工	施工员	施工管理
8	×××	男	34	大专	助工	安全负责	安全管理
9	×××	女	33	大专	工程师	工长	内勤
10	×××	女	28	大专	助工	资料员	收编、制片
11	×××	女	26	本科	助工	工长	外联
12	×××	女	26	本科	助工	工长	外联
13	×××	男	26	本科	助工	制片人	制片
14	×××	男	32	高中	高级技工	技术工人	现场操作
15	×××	男	34	高中	高级技工	技术工人	现场操作

制表人：×××   制表日期：×年×月×日

（2）小组活动计划表（表 6-56）

从 2007 年至今，我们小组开展了多项攻关研究，其中"双保险防渗漏技术"研究成果，2009 年获得一等奖。

3. 选题理由

（1）××市创建全国环保模范城市，公司作为××市知名企业，责无旁贷要起到带头作用。本项目有责任和义务率先创建环保示范工地。

（2）住房和城乡建设部网站显示，目前我国建筑垃圾排放占到城市垃圾总量的 30%～40%；而本项目调查检测数据显示：除水污染防治效果比较明显外，噪声有时高达 92dB（A），扬尘达到 1.859mg/m³，扰民现象时有发生。面对这一严峻现实，作为一个全国优秀建筑企业的 QC 小组，深感减少垃圾排放和环保施工责任重大，十分迫切。

QC活动计划表　　　　　　　　　　表6-56

时间 实施项目	2009年										2010年		
	3月	4月	5月	6月	7月	8月	9月	10月	11月	12月	1月	2月	3月
课题选定	—												
现状调查	—												
目标设定及可行性分析		—											
原因分析		—											
制定对策		—											
组织实施									—				
效果检查								—					
巩固措施								—					
活动总结及打算													—

制表人：×××　　　　　　　　　　　　　　　制表日期：×年×月×日

　　因此，我们选择的课题是——创建环保示范工地。

　　4.现状调查

　　(1)×年×月×日～×月初，小组成员对本公司和周边相同类型工地进行调查，并邀请甲级资质环评单位做了实地检测。×月×日，全体组员将调查情况进行归纳总结并制定了相应的调查表（表6-57）。

环保因素调查表　　　　　　　　　　表6-57

序号	项目	存在问题	数据	数据来源
1	垃圾	(1) 文明工地现场硬化垃圾 (2) 施工垃圾	0.4～0.5t/m²（硬化面积） 600t/万m²（建筑面积）	网络、比较、实际调查、住房和城乡建设部网站
2	噪声	(1) 各类机械噪声 (2) 土方施工等噪声	昼间 78.3dB（A） 夜间 65.7dB（A）	环评报告1
3	扬尘	(1) 砂石、水泥等搅拌扬尘 (2) 浇灌清理扬尘 (3) 垃圾扬尘	浓度值：1.859mg/m³	环评报告1
4	废水	(1) 水资源浪费严重 (2) 污染环境	养护、冲洗用水 200～300kg/d 流失	实际调查平均值
5	绿化	现场绿化面积小	仅3棵树	现场查看

续表

序号	项目	存在问题	数 据	数据来源
6	工完场未清	(1) 查督促不严 (2) 现场材料未清理现象偶有发生	3 个月共发现 5 次	现场询问查看
7	废物乱放	(1) 清运不及时 (2) 堆放不规整	连续 2 个月检查发现 3 次	现场询问查看
8	其他	(1) 有个别员工乱扔烟头 (2) 厕所冲洗偶尔不及时 (3) 食堂蔬菜垃圾清理不及时	发生率月均 2 次	现场确认

制表人：×××　　　　　　　　　　　　　　　　制表日期：×年×月×日

从表 6-57 中可以看出：本项目垃圾排放 600t/万 m²，扬尘浓度值达 1.859mg/m³，噪声昼间 78.3dB（A），夜间 65.7dB（A）。

影响环保因素统计表　　　　　　　表 6-58

序号	项目	频数（次）	累计频数（次）	累计频率（%）
1	垃圾	49	49	33.6
2	噪声	38	87	60
3	扬尘	27	114	78.1
4	废水	9	123	84.2
5	绿化	8	131	88
6	废物乱放	6	137	93.8
7	工完场未清	45	141	96.6
8	其他	2	146	100

（2）根据统计表 6-58 内容，绘出影响环保因素排列图。

由图 6-27 可以看出垃圾、噪声、扬尘是影响环保的主要问题，是问题的症结所在。

（3）目标设定分析

1）目前项目部已硬化永久路面 586m，绿化工地 325m 等措施已初步得到甲方认可，砂子（613m）场外过筛达成意向，仅此两项可减少垃圾排放 139t。

2）经现场测试，噪声、扬尘污染主要来自振动棒、搅拌站等机械，只要我们采取相应措施，噪声、扬尘可基本得到控制。

3）本 QC 小组获得过省部级一等奖，有丰富的创建省市级文明工地和开展 QC 活动的理论、实践经验，项目经理亲自担任组长，团队优秀且善于创新。

5. 目标设定

（1）总目标：××市环保示范工地。

（2）目标值（图 6-28）：

1）垃圾排放由 600t/万 m² 降至 450t/万 m²；

2）扬尘、噪声低于标准值 5%。

6. 原因分析

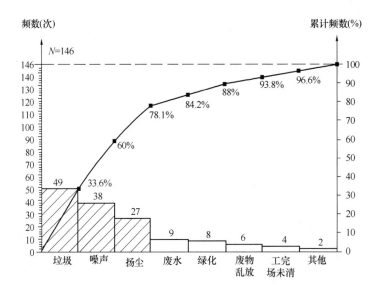

图 6-27　环保施工不利因素排列图

制图人：×××　　　　　　　　　　　　制图日期：×年×月×日

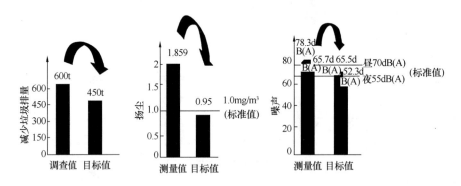

图 6-28　目标设定柱状图

制图人：××　　　　　　　　　　　　制图日期：×年×月×日

　　根据影响环保因素现状调查，×月×日，全体组员展开头脑风暴活动，编制了影响环保因素关联图（图 6-29）。

　　7. 要因确认

　　根据影响环保因素关联图找出 11 个末端因素（表 6-59），并逐一进行要因确认（表 6-60～表 6-70）。

要因确认计划表　　　　　　　　　　　　　　　　　　表 6-59

序号	末端因素	确认方法	确认内容	标　准	负责人
1	无信息化管理系统	现场调查	是否具备远程信息化管理系统	是否 24h 监管	×××
2	总体布局缺乏创新亮点	现场确认	围墙、场地、绿化、美化隔离设施是否到位	有无创新亮点	×××
3	垃圾排放目标不明确	现场调查	是否具有减排计划和具体目标	600t/万 m²	×××

166

续表

序号	末端因素	确认方法	确认内容	标 准	负责人
4	防护措施不到位	现场测量验证	搅拌站、垃圾堆放、机械噪声排放等是否有防护措施	噪声、扬尘是否超标	×××
5	养护、冲洗用水乱排放	现场调查	混凝土养护、车辆冲洗用水排放情况	是否循环用水	×××
6	振动棒等噪声扰民	现场调查、询问和测量	振动棒等机械白天及夜晚噪声值	白天为70dB（A）夜间为55dB（A）	×××
7	绿化少	现场测量	现场绿化面积	是否绿化300m²	×××
8	雨雪影响	现场调查	雨雪天气对环保影响	是否集水、存淤泥	×××
9	生活垃圾乱扔	现场调查	生活垃圾排放情况	是否有乱扔现象	×××
10	废物乱放	现场调查	循环检查零星物乱堆放现象	有否乱堆放	×××
11	无专职环保员	现场确认	项目部是否有专职环保员	环保员是否到位	×××

制表人：×××   制表日期：×年×月×日

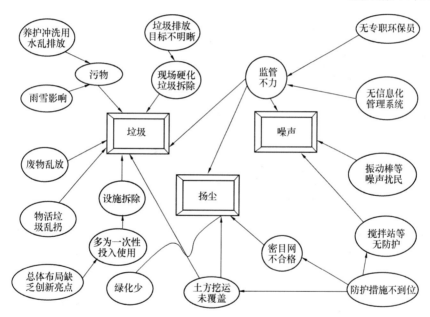

图 6-29 影响环保因素关联图

制图人：×××   制图日期：×年×月×日

末端因素确认一   表 6-60

确认方法	确认内容	确认标准	确认人	确认时间
现场确认	是否具备远程信息化管理系统	是否24h远程监控	×××	×年×月×日

验证结果：经了解，现有信息化管理系统无夜视装置，无远程信息化系统，高科技手段滞后，不能做到对环保施工实行24h监管

结论：是主要原因

末端因素确认二　　　　　　　　　　　　　　　　表 6-61

确认方法	确认内容	确认标准	确认人	确认时间
现场确认	围墙、场地、绿化、美化隔离设施是否到位	有无创新亮点	×××	×年×月×日

验证结果：经现场查看了解，围墙破旧，现场脏乱差。不仅无绿化，缺少隔离设施，而且设施多为一次性投入，浪费严重，整体布局无创新亮点

结论：是主要原因

末端因素确认三　　　　　　　　　　　　　　　　表 6-62

确认方法	确认内容	确认标准	确认人	确认时间
网络和现场调查验证分析	是否具有减排计划和具体目标	600t/万 m²	×××	×年×月×日

验证结果：经网络查询有关资料，现场调查和运用统计手段分析，且垃圾排放没有具体计划和目标，每万平方米超过 600t

结论：是主要原因

末端因素确认四　　　　　　　　　　　　　　　　表 6-63

确认方法	确认内容	确认标准	确认人	确认时间
现场测量验证	搅拌站、垃圾堆放、机械噪声排放等是否有防护措施	噪声、扬尘是否超标	×××	×年×月×日

验证结果：现场了解和监测，搅拌站、垃圾箱、机械噪声排放等均无防护措施，工程噪声有时高达 92dB（A），扬尘有时达到 1.859mg/m³，均超标准

结论：是主要原因

末端因素确认五　　　　　　　　　　　　　　　　表 6-64

确认方法	确认内容	确认标准	确认人	确认时间
现场确认	混凝土养护、车辆冲洗用水排放情况	是否循环用水	×××	×年×月×日

验证结果：经现场调查了解，进出工地车辆冲洗、混凝土养护用水随意排放流失，污染严重，没有做到循环用水

结论：是主要原因

末端因素确认六　　　　　　　　　　　　　　　　表 6-65

确认方法	确认内容	确认标准	确认人	确认时间
现场确认，询问和测量	振动棒等机械白天及夜晚噪声值	白天为 70dB（A） 夜间为 55dB（A）	×××	×年×月×日

验证结果：对现场大体积基础混凝土浇捣作业时间了解，多为 24h 作业，且振动机械噪声大超过标准值，扰民严重

结论：是主要原因

末端因素确认七 表 6-66

确认方法	确认内容	确认标准	确认人	确认时间
见场测量确认	现场绿化面积	是否绿化 300m²	×××	×年×月×日

验证结果：经查看和测量，现场可满足 300m² 的绿化，但却仅有 3 棵树

结论：是主要原因

末端因素确认八 表 6-67

确认方法	确认内容	确认标准	确认人	确认时间
现场验证	雨雪天气对环保影响	是否积水、存淤泥	×××	×年×月×日

验证结果：经对施工现场检查验证，硬化并建起排水设施后，雨雪天气不会产生积水和淤泥

结论：不是主要原因

末端因素确认九 表 6-68

确认方法	确认内容	确认标准	确认人	确认时间
现场调查	生活垃圾排放情况	是否有乱扔现象	×××	×年×月×日

验证结果：经查看员工培训记录和现场调查了解，全员环保教育和环保知识考核均达标，工地有专兼职环保员，建起了垃圾台，设置了分类垃圾箱，未发现垃圾乱扔问题

结论：不是主要原因

末端因素确认十 表 6-69

确认方法	确认内容	确认标准	确认人	确认时间
现场调查	循环检查零星物乱堆放现象	是否乱堆放	×××	×年×月×日

验证结果：经检查相关制度和现场调查，工地固定轮一名材料员和一名清洁员，坚持每 4h 清洁一次废旧物，并制定了保持措施，经反复多次检查，未发现乱堆废旧物现象

结论：不是主要原因

末端因素确认十一 表 6-70

确认方法	确认内容	确认标准	确认人	确认时间
现场确认	项目部是否有专职环保员	环保员是否到位	×××	×年×月×日

验证结果：经查看有关会议记录和现场了解，项目确定有 2 名专职环保员，环保员尽职尽责，能及时检查督促各项环保措施的落实

结论：不是主要原因

8. 制定对策

QC 小组针对以上确认的要因，制定了相应的对策和措施，并逐一落实了责任人和完成时限（表 6-71）。

对 策 表 表 6-71

序号	主要原因	对策	目标	措施	地点	完成时间	负责人
1	无信息化管理系统	改进监管模式	实现 24h 监管	购置监控设备，增加远程信息管理系统	现场	×年×月×日	×××

续表

序号	主要原因	对　策	目　标	措　施	地点	完成时间	负责人
2	总体布局缺乏创新亮点	提升隔离设施文化品位和利用价值	隔离设施工具化	(1) 全体组员讨论优化现场布置方案 (2) 创建节能、环保、高雅的信鸽广场 (3) 隔离设施工具化并彩喷环保宣传图牌	现场	×年×月×日	×××
3	垃圾排放目标不明确	细化目标层层落实	硬化垃圾减少120t	(1) 加强环保意识教育 (2) 设计、保护、实施永久性路面代替临时硬化路面 (3) 精确计划，严格管理，工完场清料净 (4) 增加绿化，减少硬化面积	现场	×年×月×日	×××
4	防护措施不到位	规范、创新防护措施	噪声、扬尘测量值低于标准值5%	建立封闭式搅拌站、垃圾台、装配式防护棚	现场	×年×月×日	×××
5	养护、冲洗乱排放	充分利用废旧材料，做到循环用水	用水减少130t	设置循环用水冲洗台	现场	×年×月×日	×××
6	振动棒等噪声扰民	降低噪声	白天 70dB(A) 夜间 55dB(A)	(1) 购买无声振动棒 (2) 调整作业时间 (3) 自主研发可视智能无声呼叫系统	现场	×年×月×日	×××
7	绿化少	增加绿化面积	绿化300m²	优化布置、栽花种草	现场	×年×月×日	×××

制表人：×××　　　　　　　　　　　　　　　　　　　制表日期：×年×月×日

9. 对策实施

实施一：针对无信息化管理系统

领导重视，亲自参与，舍得投入，在××市率先购置了远程信息化管理系统，并增加了夜视装置。

实施效果：实现了24h全天候监管的目标，及时发现、整理问题；为总结奖罚提供了有力的视频数据。

实施二：总体布局缺乏创新亮点

(1) 全体组员认真分析、反复研讨、优化现场平面布置方案，并邀请业主、质监站、环保单位、住房和建设规划局等单位来现场指导，得到他们的大力支持和充分肯定。

(2) 精心设计了高雅和谐的信鸽广场。其中代替黑金砂、大理石的玻璃、青砖、透视围墙、组合展板及石材旗杆底座均是一次性投入，多次使用，成本降低到1/5以下。同时，修建喷泉，投放观赏鱼，栽树种草，创造了一个绿草如茵、花木茂盛的办公和施工环境，既美化了施工现场，又陶冶了员工情操。

(3) 工具式隔断喷绘了安全知识及相关教育图片，既发挥了隔离作用，又颇具文化韵味。

实施效果：信鸽造型、喷泉、工具式隔断、文化墙环保节能显著、亮点纷呈，现场绿化美化、环境宜人，多家单位前来参观。

实施三：针对垃圾排放目标不明晰

（1）加强环境保护教育，并得到省站有关专家亲临指导，全员环保意识进一步提高。同时，经过反复研讨论证，制订了科学、合理、明晰的减排目标。

（2）经过艰苦努力，永久性路面、围墙、花池得以实施（站在甲方角度想问题，确保永久性路面施工和工程竣工使用后美观无损，路面下给水排水、消防、电器等设施提前施工并确保不出现返工情况，给建设单位 10％价格优惠）减少垃圾排放 93.76t。

数据来源：永久性路面代替临时硬化路面减少垃圾量为 $586×0.08=46.88m^3$，混凝土路面重量 $2～2.3t/m^3$，取 $2t/m^3$，即 $46.88×2=93.76t$。

（3）沙石在场外过筛，砖、混凝土等用料精确计算，沙、灰等随扫随用。经统计，主体竣工后，减少垃圾排放 17.84t。

数据来源：沙子场外过筛垃圾量 729（沙子）×1.5％（杂物量 1.5％～3.0％，取 1.5％）=17.84t。实施效果：减少垃圾排放量 93.76+17.84=111.6t。

实施四：针对防护措施不到位

利用废旧胶合板，构建了封闭式搅拌站、垃圾台、垃圾箱、装式防护棚。

实施效果：有效减少了扬尘、噪声和沙、灰以及垃圾对环境的污染，现场美化整洁。

实施五：针对养护、冲洗用水乱排放

设置了循环用水冲洗台和余水回收池，有效节约了水资源。

实施效果：全员节水意识明显增强，共计节水 138t（工地洗车及路面用水：$0.6t/d×230d×3.78 元/m^3=522 元$）。

实施六：针对振动棒等噪声扰民

经小组成员现场测试和调查，噪声大的作业是混凝土施工（常规振动棒噪声 90～92dB（A））、物料提升机和搅拌站。

为此本小组采取了以下措施：

（1）购置无声振动棒（经现场测定噪声为 45dB（A）左右）；

（2）改变作业时间，调整作业安排。将扰民的夜间施工项目改为白天作业。如：大体积基础混凝土施工按常规需要 24h，通过增加罐车、车泵、劳力，作业时间由早 8：00 缩短到晚 20：00（12h），避免了扰民，再没有因噪声而扰民的现象发生，无扰民投诉；

（3）小组成员自主研发了可视智能无声呼叫系统，降低了噪声，安全、可控。

实施效果：×年×月经环评部门检测，扬尘、噪声测量值均低于标准值 5％以下（扬尘 $0.268～0.723mg/m^3$，噪声昼 60.5～64.2dB（A）、夜 44.7～50.2dB（A）），见表 6-72、表 6-73。

施工场地扬尘污染情况 表 6-72

监测点位	上风向	下风向		
	1 号点	2 号点	3 号点	4 号点
距尘源点距离（m）	20	10	50	100
浓度值（mg/m³）	0.202～0.289	0.587～0.723	0.314～0.522	0.230～0.268
标准值	1.0（参考无组织排放监控浓度值）			

噪声现状监测结果表 表 6-73

序号	监测点位	监测时间	监测结果（L_{eq}）（dB（A））	标 准
1	施工场地西侧	施工场地西侧	60.5	昼间 70dB（A） 夜间 55dB（A）
2	施工场地东侧	昼间	44.7	
		夜间	64.2	
3	施工场地南侧	昼间	50.2	
		夜间	63.2	
4	施工场地北侧	昼间	62.5	
		夜间	45.7	

实施七：针对绿化少

保护好原来的 3 棵树，同时优化布局. 在办公区前栽花种草，在原围墙下建永久花池（取得甲方认可），绿化面积大为增加，并减少了硬化。

实施效果：经组员××现场实测，绿化面积 325m²，美化了环境，净化了空气。

10. 效果检查

（1）目标完成情况

1）垃圾排放量由 600t/万 m² 减少到 420t/万 m²，见图 6-30。

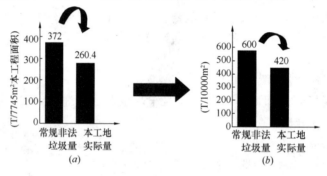

图 6-30 垃圾排放目标值实施效果对比柱形图

2）×年×月，×××环评中心检测，扬尘降到 0.268～0.723mg/m³，噪声昼降到 60.5～64.2dB（A）、夜降到 44.7～50.2dB（A），见图 6-31。

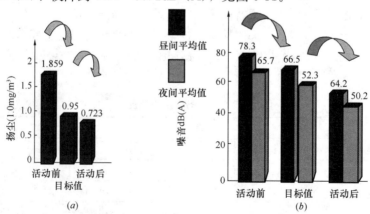

图 6-31 扬尘、噪声目标值实施效果对比柱形图

3）×年×月×日，××市文明工地现场会在本工地召开（××市唯一）示范环保施工现场会，受到与会同志的高度好评；×月荣获××省文明工地；在全省秋季建筑执法检查××市结果通报会上受到独家表彰，并受到全省通报表扬；×年×月，本工地被××市环保局授予"环保示范工地"。

4）优美的施工环境，极大地激发了职工的创优激情，工程亮点纷呈，×年×月获××省优质结构工程（详见××省建筑业联合会文件，××联发［2010］第 006 号）。

（2）经济效益：本课题的实施，共计节约资金 16705.46 元。

（3）社会效益：现场会后，社会各界反映良好，多家建设单位邀请我方投标，公司竞争力显著提升，××所××车间顺利中标。

11．巩固措施

（1）×年×月×日，制定下发了××建筑工程有限公司［2009］026 号文件，×年×月×日下发了公司［2010］06 号文件，将固定式围墙和工具式隔断作为公司工艺标准××BZ-09-12，将创建环保型工地作为作业指导书《关于全面推广应用"创建环保型工地"QC 活动成果的通知》，在全公司推广。目前该成果的围墙和工具式隔断等在××工地全面实施，反应良好并将持续完善。

（2）现场会后，本小组受到公司表彰，环保施工不断深入。经×年×月×日再次检测，影响环保主要数据下降均低于目标值，见表 6-74、表 6-75。

施工场地扬尘污染情况 表 6-74

监测点位	上风向	下风向		
	1 号点	2 号点	3 号点	4 号点
距尘源点距离（m）	20	10	10	30
浓度值（mg/m³）	0.244～0.269	0.756～0.869	0.416～0.513	0.250～0.258
标准值	1.0（参考无组织排放监控浓度值）			

噪声现状监测结果表 表 6-75

监测点位	监测时间	监测结果（L_{eq}）(dB（A）)	标准
施工场地西侧	昼间	62.1	昼间 70dB（A） 夜间 55dB（A）
	夜间	45.6	
施工场地东侧	昼间	68.2	
	夜间	52.1	
施工场地南侧	昼间	65.3	
	夜间	47.8	
施工场地北侧	昼间	63.5	
	夜间	46.7	

12．总结及下一步打算

（1）总结

1）专业技术方面

小组成员对创建环保型工地的关键因素有了比较充分的认识，进一步丰富了环保施

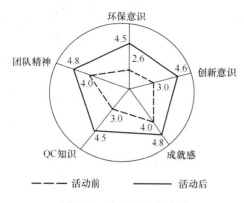

图 6-32　自我评价雷达图

制图人：×××　　　　　　　　　　制图日期：×年×月×日

工管理经验。

2）管理技术方面

QC 成员对问题解决型自定目标值课题活动程序更加清楚，能够以事实为依据，并应用了统计工具，为以后顺利开展活动奠定了基础。但在活动的逻辑严密性方面有待进一步加强。

3）综合素质方面

QC 活动取得了可喜的成绩，圆满完成了预定目标，全体组员综合素质普遍提高（表6-76和图 6-32），在活动的逻辑严密性方面有待进一步加强。

组员综合素质评价表　　　　　　　　　　　　　　　　表 6-76

序号	评价内容	活动前（分）	活动后（分）
1	环保意识	2.6	4.5
2	创新意识	3.0	4.6
3	成就感	4.0	4.8
4	QC 知识	3.0	4.5
5	团队精神	4.0	4.8

制表人：×××　　　　　　　　　　　　　制表日期：×年×月×日

注：满分为 5.0 分。

（2）下一步打算

环保施工任重道远，最后我们呼吁：环保比效益更重要！"低碳经济"从我做起，从节约每一滴水、每一度电、每一根木材开始！

"创建环保示范工地"成果综合评价

1. 总体评价

该成果为管理型课题，小组成员针对目前社会关注的"创建环保示范工地"课题开展活动，制订了周密的活动计划，进行了详细的现状调查，明确了创建环保型工地的三个主要问题，即垃圾、噪声及扬尘，并制订了明确、量化的活动目标。通过 PDCA 循环，小组实现了课题目标，获得"环保示范工地"荣誉。成果图文并茂，并提供大量图片及证明材料，注重了以事实为依据。成果经济及社会效益显著，在提倡节能减排的今天，值得推广学习。但成果在活动程序方面还存在一些不足，希望小组成员继续学习，持续改进。

2. 不足之处

（1）创建环保示范工地的课题有点大，它涉及施工工程环境保护的方方面面，建议选择环保示范工地创建工程中某一具体的问题作为课题为好。

（2）现状调查应调查现象，而不是原因。本成果"工完场未清"是导致剩料未及时清理、堆放凌乱等现象的原因，不是现象，不应作为独立调查的因素。排列图的右纵坐标的名称标注不应该是"累计频数"，应该改为"累计频率"。

（3）原因分析中部分原因之间没有直接因果关系，如"总体布局缺乏创新亮点"与"多为一次性投入使用"。

（4）要因确认标准中部分未量化，也未定性，不易确认。如针对"落实总体布局，缺乏创新亮点"因素，确认标准是"有无创新亮点"。

（5）实施阶段部分描述不详细。如实施二，反复研讨、优化现场平面布置方案交代不清楚。实施三，如何实施环保教育交代的也不清楚。部分实施效果缺乏数据和来源，如实施四"噪声、扬尘是否超标"应有具体数据和来源。

（点评人：×××）

6.1.4 服务型 QC 成果案例及点评

提高家属基地住户满意度

××公司物业管理公司 QC 小组

1. 工程概况

××公司××基地西关小区，现有住户 172 户，占地 $3161.6m^2$，20 世纪 70 年代投入使用，属于典型的国有企业老家属基地，×年××公司对院内房屋进行了改造，先后建成 1 号、2 号住宅楼，并在院中心修建地下蓄水池，对水池的周围进行了绿化。随着社会的发展和住户需求的变化，原有场地规划存在的一些问题逐步凸显，成为住户投诉和反映的重点。

2. 小组简介（表 6-77）

电务公司物业管理公司 QC 小组简介表 表 6-77

小组名称	××公司物业管理公司 QC 小组					
课题名称	提高家属基地住户满意度				注册号	ZTYD-2009-11
活动起止时间	×年×月×日～×月×日				课题类型	服务型
序号	姓名	性别	年龄	组内职务	文化程度	职务	TQC 教育情况
1	×××	男	34	组长	本科	公司经理	120h
2	×××	男	36	副组长	中专	收费室主任	96h
3	×××	男	28	组员	中专	助理工程师	96h
4	×××	男	52	组员	高中	技师	96h
5	×××	男	43	组员	中技	技师	96h
6	×××	男	36	组员	中技	工班长	96h
7	×××	女	39	组员	高中	物管部长	96h

制表人：×××　　　　　　　　　　　　　　　　　　　制表日期：×年×月×日

3. 选题理由（图 6-33）

4. 现状调查

QC 小组对×年×月×日开展的小区住户满意度调查结果进行了统计分析，反映小区

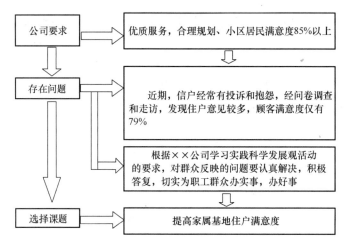

图 6-33 选题理由框图

制表人：×××　　　　　　　　　　　　　　制图日期：×年×月×日

院内服务功能问题的人数占到总调研人数的 71%，主要意见统计见表 6-78。

××小区第一次职工家属满意度调查统计表　　　　　　　表 6-78

序号	调查项目	调查户数	意见户次	满意度（%）	平均满意度（%）
1	基础设施不完善	122	56	54	79
2	管理服务不到位	122	8	93	
3	小区活动文化单一	122	10	92	
4	小区规划不合理	122	40	67	
5	其他	122	13	89	

制表人：×××　　　　　　　　　　　　　　制表日期：×年×月×日

从表 6-78 可知，顾客满意度仅有 79%。小组随即对造成住房满意度不高的主要问题又作了进一步的调查分析，并作出了排列图，分析结果见表 6-79、图 6-34。

影响住户满意度的主要因素统计表　　　　　　　表 6-79

序号	主要因素	发生频次	累计频次	发生频率（%）	累计频率（%）
1	基础设施不完善	56	56	44	44
2	小区规划不合理	40	96	31	75
3	小区文化活动单一	10	106	8	84
4	管理服务不到位	8	114	6	90
5	其他	13	127	10	100
	合计	127		100	

制表人：×××　　　　　　　　　　　　　　制表日期：×年×月×日

通过图表及分析可以看出：造成住户意见集中的主要因素是基础设施不完善和小区规划不合理，解决上述这两个问题成为提高住户满意度的关键。

目标设定分析：

（1）小区院内总面积共计 3161.6m²，除去房屋散水和道路，中心区域面积较大，约

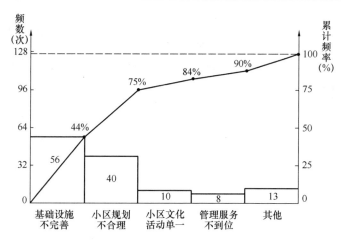

图 6-34 影响住户满意度的主要因素排列图

制图人：×××　　　　　　　　　　　　制图日期：×年×月×日

有 594m²，具备解决上述问题的场地条件。

（2）院中心区域主要以灌木绿化为主，造成住户室外活动受限；又由于是黄土地面，雨天易产生泥泞，成为院内环境卫生的主要污染源。因为上级领导一直十分关心基地建设，只要项目立项依据充分、方案论证经济可行，院中心的规划改造的资金问题就能得以解决。

（3）小组通过现状调查，找出了影响住户满意度的两个关键因素，即基础设施不完善和小区规划不合理，分别占到了问题的 44%、31%，总计 75%，如果将这两个问题解决了，就可以将住户满意度提高到 95% 以上。

5. 目标设定

目标：将住户满意度由 79% 提高到 90%。

6. 原因分析

关联图分析见图 6-35。

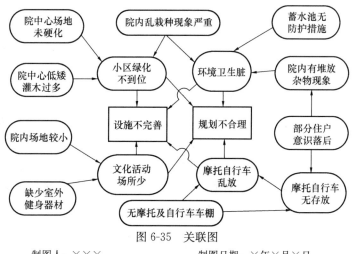

图 6-35 关联图

制图人：×××　　　　　　　　　　　　制图日期：×年×月×日

经分析共确定了8条末端因素：

（1）院中心场地未硬化；（2）蓄水池无防护措施；（3）部分住户的意识落后；（4）无自行车车棚；（5）缺少室外健身活动器材；（6）院内场地较小；（7）院中心场地低矮灌木较多；（8）院内乱栽种现象严重。

7. 要因确认

×年×月×日～×月×日，小组成员对所查找到的末端因素进行了逐一确认，确认计划见表6-80。

要因确认计划表 表6-80

序号	末端原因	确认内容	方法	确认标准	负责人	确认时间	判断
1	院中心场地未硬化	解决院中心场地硬化问题的影响	调查分析	院中心场地硬化面100%	×××	×年×月×日	是
2	蓄水池缺防护措施	落实蓄水池的安全使用状况	现场察看	水池周围有无渗漏现象	×××	×年×月×日	否
3	部分住户的意识落后	占用公有场地的严重程度	群众调查	无占用共有场地现象	×××	×年×月×日	是
4	无自行车车棚	了解实际需求情况	统计分析	小区应建有容纳50辆自行车的车棚	×××	×年×月×日	是
5	缺少室外活动器材	察看现有场地的器材数量	现场察看	不少于3套健身器材	×××	×年×月×日	否
6	院内场地较小	落实场地面积	实际测量	不低于500m² 的活动场地	×××	×年×月×日	否
7	院内低矮灌木较多	落实具体数量	现场察看	低矮灌木不超过绿化率的30%	×××	×年×月×日	是
8	院内乱栽种现象严重	乱栽种的苗木具体落实到人	调查分析	院内绿化区域外无乱栽种现象	×××	×年×月×日	否

制表人：×××   制表日期：×年×月×日

具体确认过程如下：

（1）因素一：院中心场地未硬化

×年×月×日，小组组长×××召集小组成员到院内进行察看，发现院子中心硬化率仅有10%左右，未达到100%硬化标准，因此确定为要因。

（2）因素二：蓄水池缺防护措施

×年×月×日，小组成员×××通过对蓄水池周围的仔细检查，未发现有渗漏现象，经分析认为住户提出水池缺少防护措施的意见主要是由于误解造成，因此不是主要原因。

（3）因素三：部分住户意识落后

×年×月×日，小组成员×××组织楼长现场统计，发现有51家住户占用公共场所堆放杂物，占住户的30%，因此，该项是要因，统计情况见表6-81。

现场调查情况统计表   表 6-81

序号	调查项目	占用公共场所住户	累计频次
1	摆放花盆	15	15
2	堆放蜂窝煤	15	30
3	堆放废旧家具	8	38
4	其他杂物	13	51
	合计	51	

制表人：×××   制表日期：×年×月×日

（4）因素四：无自行车车棚

×年×月×日，小组副组长×××通过统计，院内共有自行车 37 辆、电动车和摩托车 13 辆，确认自行车和摩托车仍是住户的主要交通工具，对车棚有实际需求。

同时，经过实际调查发现，小区内因无车棚造成自行车乱摆放现象严重，影响小区居住环境，因此此项应是主要原因。

（5）因素五：缺少室外活动器材

×年×月×日，小组成员×××通过现场查看发现，现有场地已安装室外健身活动器材 3 套，因此此项不是主要问题。

（6）因素六：院内活动场地较小

×年×月×日，小组成员×××对院内实际面积进行测量，测量结果见表 6-82。

×××小区院内面积统计表（m²）   表 6-82

住宅楼占地面积	道路面积	楼前散水面积	中心区域面积	活动场地面积	院内总面积
680	940	947.6	490	104	3161.6

制表人：×××   制表日期：×年×月×日

从表中可以看出，虽然活动场地面积已有 104m²，但如果合理利用院中心区域的面积，总活动面积大于 500m²，因此不是要因。

（7）因素七：院内低矮灌木占地较多

×年×月×日，小组成员×××对院内的低矮灌木占地情况进行了统计，发现院内中心区域灌木绿化占绿化率 80% 以上，且地面为黄土地面，导致雨季泥泞不堪、秋冬枯叶、垃圾充斥其中，严重影响小区的整体环境卫生质量，解决好这一问题，关系到其他问题的顺利解决，因此此项是主要原因。

（8）因素八：院内乱栽种现象严重

×年×月×日，小组成员×××通过现场查看发现，除灌木绿化丛中存在乱栽种现象外，其余区域无乱栽种现象，因此此项不是主要问题。

通过以上过程分析，最终确定的要因是：

（1）院中心场地未硬化；

（2）部分住户意识落后；

（3）无自行车车棚；

（4）院中心低矮灌木较多。

8. 制定对策

针对以上所确定的 4 项要因，我小组成员制定了对策表，见表 6-83。

对 策 表　　　　　　　　　　　　　　　　　表 6-83

序号	要因	对策	目标	措施	地点	完成时间	负责人
1	部分住户意识落后	增强住户自觉遵守小区规定意识	无占用共有场地现象	1. 召开小区物管会会议 2. 组织安全检查 3. 发放和张贴小区公约 4. 组织清理院内摆放的杂物	××小区	×年×月×日	×××
2	院内低矮灌木较多	改为乔木绿化为主，节约场地资源	低矮灌木不超过绿化率50%	1. 提出改造方案 2. 协助住户进行场道清理 3. 集中清理部分灌木	××小区	×年×月×日	×××
3	院中心场地未硬化	对院子中心进行硬化	院中心场地硬化面100%	1. 向上级领导报告具体规划，争取工程立项 2. 在上级主管部门的指导下组织施工 3. 安全专人做好与住户的协调，保证施工的顺利进行	施工现场	×年×月×日	×××
4	无自行车棚	利用现有场地规划建设车棚	小区应建有容纳50辆自行车车棚	1. 确定施工方案和费用 2. 组织进行施工 3. 进行整体硬化 4. 购置和安装室外健身器材 5. 消除住户的误解和安全隐患 6. 组织联合检查验收	施工现场	×年×月×日	×××

制表人：×××　　　　　　　　　　　　　　　　　　　　　　制表日期：×年×月×日

9. 对策实施

实施一：增强住户自觉遵守小区规定的意识

（1）×月×日下午，QC 小组在小区文化活动中心组织 20 位住户代表和离退休各支委委员，召开协调会议，由小组长×××介绍开展此次活动的原因，认真听取大家对××小区改造工作的意见，统一思想，形成良好的舆论氛围。

（2）×月×日上午，QC 小组再次组织住户代表和离退休各支委委员现场查看××小区的实际情况，就存在的主要问题，完善改造方案。

（3）针对住户不遵守小区各项规定的行为，QC 小组通过整理和汇总，有针对性地修订了小区的《文明公约》，并安排组员打印和上门发放 161 余份，认真做好舆论宣传和动员工作。

（4）从×月×日起，QC 小组在小区公告栏和各楼道口张贴《通知》，要求住户按期清理堆放在户外的杂物，并于×日前安排专人通知到堆放杂物的住户本人。通过广泛的宣传和动员，×月×日，QC 小组组织人员，在基地公安派出所的配合下，对院内的垃圾杂物进行集中清理，并对个别外出住户或无主杂物，临时集中保管，逐步落实和处置。

效果检查一：根据跟踪检查，×月×日院内杂物清理完后，再无住户占用公用场地的现象。

实施二：改为乔木绿化为主，节约场地资源

（1）QC 小组为了合理利用院中心区域的场地，通过对院中心原有绿化方案的分析，提出以乔木绿化为主的改造方案，除保留蓄水池周围的绿篱和部分景观灌木外，于×月×日前，对其他低矮苗木进行了移栽和清理，整理出新场地 554m² （图 6-36）。

（2）在场地清理过程中，QC 小组对住户私自栽种的花木，根据住户的要求，协助装盆种养，并规定可集中摆放在院内指定区域，美化小区环境，规范绿化管理，整治环境卫生。

（3）对院中心场地内保留的乔木，QC 小组通过修整树形，剪除低矮枝干等方式，节约地面的活动空间，既满足院内的绿化需求，又为后续问题的解决提供条件。

效果检查二：采取上述措施之后，经过小组成员实地测量，低矮灌木绿化降到总绿化率的 20%，并整理出院内活动场地 554m²，为其他要因的解决创造了条件。

实施三：硬化院内中心场地（图 6-37）

图 6-36 整理出的新场地　　　　图 6-37 场地硬化铺设花砖

（1）清理场地的同时，QC 小组及时向上级主管部门书面上报小区的改造计划和规划方案，并配合上级施工部门现场调研，顺利通过工程立项，确定了施工方案和费用。

（2）在施工部门的配合下，QC 小组认真组织施工，重点抓好安全防护、地基处理、场地排水、工程质量和工艺等环节。

（3）×月×日前，QC 小组组织人员对院中心区域地面铺设花砖，进行整体硬化，彻底消除院内雨后泥泞的根源，提高小区的环境卫生质量。并安排专人负责现场监察，配合现场施工，监督工程质量。

（4）根据住户的需求和场地的实际情况，QC 小组还购置和安装了室外健身器材 2 套，移动式羽毛球架 1 副，石质桌椅 2 套，庭院灯 1 座，满足住户室外健身和休闲活动的需求（图 6-38）。

（5）QC 小组还在蓄水池周围安装防护围栏，在操作间屋顶安装玻璃钢瓦，防止人为破坏，消除住户的误解和安全隐患。

（6）×月×日，在上级施工、安质部门组织的联合验收中，硬化工程质量一次验收合格。

效果检查三：经过近 20d 的紧张施工，×月×日，QC 小组组织成员进行现场察看，院中心区域的施工基本完工，场地硬化率达到 100％。

实施四：利用现有场地规划新建车棚

（1）为了充分利用现有场地，满足住户对车棚的实际需求，×月×日，QC 小组通过与相邻单位协调，决定利用现有围墙，采用钢管立柱、角铁屋架、玻璃钢瓦屋顶，安置一座容量为 50 辆的敞开式简易自行车棚（图 6-39）。

图 6-38 移动式羽毛球架

图 6-39 新建自行车棚

（2）为了解决防盗问题，QC 小组通过研究，决定在围墙离地面 0.5m 位置，安装焊接钢管一根，供住户锁车使用。

（3）为了解决照明问题，QC 小组安排人员在车棚内安装节能灯 3 盏，每天由门卫值班人员定时开合，进一步完善了车棚的服务功能。

效果检查四：车棚完工投入使用后，×年×月×日，QC 小组通过现场察看，车棚总容量达到 50 辆，且院内大多数非机动车辆都有序放在自行车棚内。

10. 效果检查

（1）目标完成

实施对策后，我公司组织人员于×年×月×～×日，组织了第二次住户满意度调查，根据统计的调查结果发现，原有反映的问题大都已经解决，住户满意度提高到 92％，超出了预定的 90％的目标。统计结果见表 6-84。

西关小区第二次职工家属满意度调查统计表 表 6-84

序号	调查项目	调查户数	意见户次	满意度（％）	平均满意度（％）
1	基础设施不完善	131	9	93	
2	管理服务不到位	131	6	95	
3	小区活动文化单一	131	8	94	92
4	小区规划不合理	131	11	92	
5	其他	131	18	86	

制表人：×××　　　　　　　　　　　　　　　　　　制表日期：×年×月×日

（2）社会效益

本次 QC 活动目标的实现，找准××小区管理和企业维稳工作的突破口，解决了一项住户普遍关心的难点问题，住户的满意度显著提高。国庆六十周年期间，未发生一起住户上访和群体性事件，有效维护了企业基地小区的和谐稳定。

（3）管理效益

通过这次活动，提高了成员们对解决老企业基地管理中重点、难点问题的能力和信心，也锻炼了职工队伍，改写了我公司近几年来 QC 活动的空白，有效地提高了我公司的整体管理水平。

11. 巩固措施

本次活动为我们积累了一定的基地管理工作经验，为了巩固这些成果，QC 小组制定了如下巩固措施：

（1）将对策表中的定期召开小区住户协调会、统一规划小区布局、绿化美化小区、统一摆放摩托自行车、清理垃圾杂物等措施纳入《物业公司基地管理制度》及《小区文明公约》，并经小区住户协调同意后，作为小区物业管理和住户应遵守的基本制度，于×年×月×日发布实施，×月份开始在公司××、××、××基地小区推广应用。

（2）为了验证实施效果，×年×月×日，小组成员组织了第三次住户满意度调查，经过统计，住户的满意度为 93.2%，维持在小组活动之后的水平。

12. 体会及下一步打算

（1）下一步打算

结合第二次住户满意度调查结果和本次 QC 小组活动的经验，我们计划以"××××"为新的 QC 活动课题，积极探索老企业基地的更新改造方法，维护企业的和谐稳定。

（2）体会

通过开展这次活动，进一步增强了小组成员的服务意识、增强了成员之间的团队精神，提高了破解各类管理难题的信心。小组成员发现问题、分析问题和解决问题的能力也得到了显著提高。同时，在活动中发现部分成员对 QC 理论知识的学习和应用上还有待进一步提高。

"提高家属基地住户满意度"成果综合评价

1. 总体评价

该成果为服务型课题。随着社会的发展和住户需求的变化，××公司原有老家属基地存在的问题进一步凸显，小区物业收到了基地住户大量的投诉和反映的意见。为此，物业公司成立了活动小组，旨在提高公司家属基地住户满意度，并确立将住户满意度提高到 90% 的攻关目标。通过小组活动掌握了现状，找出影响住户满意度的关键问题是基础设施不完善和小区规划不合理。针对这两个问题小组成员展开原因分析，并采取有力措施，使小区住户满意度由 79% 提高到了 93%，取得了良好效果。小组成员具有一定的 QC 基本知识，活动过程基本符合 QC 小组活动程序，成果报告以图表为主，文字为辅，清晰简明。但是在活动程序衔接，以及工具应用等方面还需要进一步完善。

2. 不足之处

（1）原因分析过程中部分原因没有分析到可以直接采取对策的程度，如"部分住户意识落后"；部分原因之间无因果关系，如"无摩托自行车车棚"与"摩托自行车无固定存放"。

（2）在对策实施过程中，每一项对策实施结束后的效果检查过于简单，应该有详细的检查数据来客观地说明达到了对策所要求的目标。

（3）小组活动过程中工具应用较少，许多活动过程可以应用简单统计工具，比如效果检查、实施前后目标值的比较等，这样可以使成果报告更简洁明了。

（点评人：×××）

6.2 指令性目标 QC 成果案例及点评

提高屋面防水卷材一次施工合格率
中国××公司××项目部 QC 小组

1. 工程概况

屋面工程是房屋建筑的一个重要组成部分，其质量不仅影响着建筑物的使用寿命，而且直接影响着用户的正常生活。屋面卷材防水是目前我国屋面防水的主要做法，卷材防水具有重量轻、防水性能好的优点，其防水层的柔韧性好，能适应一定程度的结构振动和胀缩变形，故广泛地用于屋面防水工程中。我公司承接的××××日芯光伏产业化项目一期工程中屋面防水工程面积 28000m²，全部采用防水卷材施工，工程统计情况见表 6-85。

××项目屋面工程统计表　　　　　　　　　　　表 6-85

序号	工程名称	屋面面积（m²）	屋面做法	设计要求
1	模组厂房	4000	非上人屋面	
2	2号接收器厂房	6500	上人屋面	
3	动力站	2000	上人屋面	
4	透镜厂房	6500	上人屋面	防水等级（二级）及保质期为 15 年
5	锅炉房	1000	上人屋面	
6	透镜库房	4000	上人屋面	
7	原材料库房	4000	上人屋面	
总计		28000		

制表人：×××　　　　　　　审核人：×××　　　　　　　制表日期：×年×月×日

2. 屋面卷材防水工艺流程

工艺流程：基层处理→轻集找坡层→保温板层→找平层→铺贴卷材附加层→铺贴卷材→蓄水试验→保护层。

3. QC 小组概况（表 6-86）

QC 小 组 概 况 表　　　　　　　　　　　表 6-86

小组名称	中国××公司××项目部 QC 小组	课题名称	提高屋面防水卷材一次施工合格率
成立时间	×年×月	课题类型	现场型
小组注册号	YYJD-HN01	课题注册号	2012-HN01
活动时间	×年×月～×年×月	活动频次	4 次/月
平均受教频次	56h	出勤率	100%

续表

小组名称	中国××公司 ××项目部 QC 小组		课题名称		提高屋面防水卷材一次施工合格率
序号	姓 名	职 称	文化程度	组内职务	小组分工
1	×××	工程师	大学	组长	组内分工、组织策划
2	×××	工程师	大学	副组长	活动策划、技术指导
3	×××	助理工程师	大学	副组长	统计分析、现场发布
4	××	工程师	大学	组员	材料管理
5	××	工程师	大学	组员	质量检查
6	×××	助理工程师	大学	组员	安全监控
7	×××	助理工程师	大学	组员	资料收集
8	×××	助理工程师	大学	组员	现场实施

制表人：×××　　　　　　　审核人：×××　　　　　　制表日期：×年×月×日

4. 选定课题

（1）业主质量要求

因厂房内部为洁净车间和精密设备，必须防止因施工质量问题造成的屋面渗漏、影响生产，业主要求屋面防水卷材一次施工合格率必须达到 94%。

（2）合格率现状

小组收集了我项目部×年施工的××光电项目屋面防水卷材一次施工合格率的数据，统计出一次施工合格率为 88.8%，见表 6-87。

项目部×年××光电项目屋面防水卷材一次施工合格率统计表　　　　表 6-87

统计项目		1号芯片厂房	2号芯片厂房	3号芯片厂房	1号外延厂房	2号外延厂房	动力站	锅炉房	氢气站	变电站	总数
屋面防水卷材	施工面积（m²）	13000	13000	13500	12700	12700	1900	900	3200	1150	59350
	抽检点数（个）	195	195	200	177	177	49	29	62	30	1114
	一次合格数（个）	170	173	179	157	160	43	25	55	27	989
	一次合格率（%）	87.2	88.7	89.5	88.7	90.4	87.8	86.2	88.7	90	88.8

制表人：×××　　　　　　　审核人：×××　　　　　　制表日期：×年×月×日

根据屋面防水卷材一次施工合格率统计表画出折线图，见图 6-40。

（3）确定课题

小组决定将"提高屋面防水卷材一次施工合格率"作为本次 QC 小组活动的课题。

5. QC 小组活动计划（图 6-41）

6. 设定目标

由于该课题是指定性课题，小组把活动目标值设定为将屋面防水卷材一次施工合格率提高到 94%（图 6-42）。

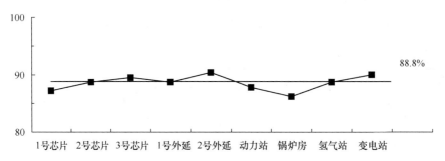

图 6-40　屋面防水卷材一次施工合格率折线图

制图人：×××　　　　　　审核人：×××　　　　　　制图日期：×年×月×日

计划内容		时间								负责人
		1月	2月	3月	4月	5月	6月	7月	8月	
P	设定课题	▨	采用：表格统计、折线图							×××
	设定目标	▨	采用：圆柱图							×××
	目标可行性分析	▨	采用：表格统计、排列图							×××
	原因分析	▨	采用：关联图、表格统计							×××
	要因确认	▨▨	采用：图片、表格统计							×××
	制定对策		▨	采用：表格统计						×××
D	实施对策			▨▨		采用：图片、CAD图、表格统计				×××
C	效果检查	采用：排列图、圆柱图、表格统计			▨▨▨					×××
	效益分析	采用：图片、表格统计				▨▨▨				×××
A	巩固措施	采用：图片					▨▨▨			×××
	总结和下步打算	采用：表格统计、雷达图							▨	×××
计划：▨		实施：▨		制表	×××		编制时间：×年×月×日			

图 6-41　QC 小组活动计划图

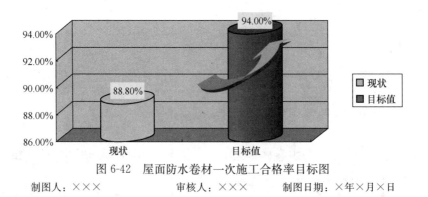

图 6-42　屋面防水卷材一次施工合格率目标图

制图人：×××　　　　　　审核人：×××　　　　　　制图日期：×年×月×日

（1）调查分析

QC 小组对我项目部×年施工的××光电项目屋面防水卷材一次施工合格率进行调查

统计，见表6-88。

项目部×年××光电项目屋面防水卷材一次施工合格率统计表　　　表6-88

统计项目		1号芯片厂房	2号芯片厂房	3号芯片厂房	1号外延厂房	2号外延厂房	动力站	锅炉房	氢气站	变电站	总数
屋面防水卷材	施工面积	13000	13000	13500	12700	12700	1900	900	3200	1150	59350
	抽检点数（个）	195	195	200	177	177	49	29	62	30	1114
	一次不合格数（个）	25	22	21	20	17	6	4	7	3	125
	一次合格数（个）	170	173	179	157	160	43	25	55	27	989
	一次合格率（%）	87.2	88.7	89.5	88.7	90.4	87.8	86.2	88.7	90	88.8
	不合格率（%）	12.8	11.3	10.5	11.3	9.6	12.2	13.8	11.3	10	11.2

制表人：×××　　　　　　审核人：×××　　　　　　制表日期：×年×月×日

根据上表对屋面防水卷材一次不合格数进行统计分类，见表6-89。

屋面防水卷材一次施工不合格点分类统计表　　　表6-89

序号	项目名称	不合格	
		点	不合格率（%）
1	屋面渗漏	52	41.6
2	卷材粘结不牢	41	32.8
3	卷材起鼓	13	10.4
4	防水层破损	11	8.8
5	屋面流淌	4	3.2
6	屋面积水	4	3.2
合计		125	

制表人：×××　　　　　　审核人：×××　　　　　　制表日期：×年×月×日

根据分类统计表，统计屋面防水卷材一次施工不合格点频数，见表6-90。

屋面防水卷材一次施工不合格点频率表　　　表6-90

序号	项目名称		频次（次）	累计频率	频率累计（%）
1	屋面渗漏		52	52	41.6
2	卷材粘结不牢		41	93	74.4
3	卷材起鼓		13	106	84.8
4	防水层破损		11	117	93.6
5	其他	屋面流淌	4	125	100
		屋面积水	4		
合计			$N=125$		

制表人：×××　　　　　　审核人：×××　　　　　　制表日期：×年×月×日

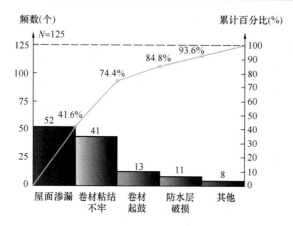

图 6-43　屋面防水卷材一次施工不合格问题排列图

制图人：×××　审核人：×××　　　制图日期：×年×月×日

根据频数表做出排列图，见图 6-43。

小组成员通过调查、统计、分析。发现"屋面渗漏"和"卷材粘结不牢"占了影响屋面防水卷材一次施工合格率缺陷的 74.4%，属主要症结。

（2）目标可行性分析

经过计算和分析，小组认为由于屋面防水卷材一次施工不合格的主要症结占不合格数的 74.4%，如完全解决可以将成功率提高到 $1-(1-88.8\%)\times(1-74.4\%)=97.13\%$。

分析项目部屋面防水卷材一次施工的成功经验，大家一致认为：通过改进，以小组目前的技术实力至少可以解决主要问题的 90%，也就是：$1-(1-88.8\%)\times(1-74.4\%\times90\%)=96.3\%$。

（3）项目部水平及历史最高水平

小组调查了项目部历史最好水平，如表 6-91。

项目部屋面防水卷材一次施工合格率历史最好水平调查表　　　　表 6-91

序号	项目名称	抽检点数（个）	一次施工合格数（个）	合格率（%）	最高水平（%）
1	目前水平	1114	989	88.8	90.4
2	历史最好水平				94.8

制表人：×××　　　　　　审核人：×××　　　　　　制表日期：×年×月×日

（4）结论：小组从多方面认真分析论证，最后得出："目标可行"。

7. 原因分析

针对"屋面渗漏"和"卷材粘结不牢"两大症结，小组运用头脑风暴法，对其进行关联分析，并绘制关联图（图 6-44）。

根据原因分析关联图统计出末端因素，如表 6-92。

末端因素统计表　　　　表 6-92

序号	末端因素	序号	末端因素
1	作业人员技能不足	6	入库验收缺失
2	卷材搭接缝及收头质量不合格	7	未配专用工具
3	搭接缝宽度不够	8	雨天及雨后施工
4	细部构造做法不正确	9	找平层不平整
5	卷材铺贴工艺不当		

制表人：×××　　　　　　审核人：×××　　　　　　制表日期：×年×月×日

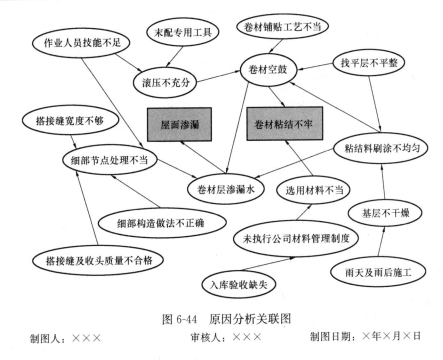

图 6-44　原因分析关联图

制图人：×××　　　　　审核人：×××　　　　　制图日期：×年×月×日

8. 要因确认

（1）要因确认计划表

小组成员对9项末端因素运用现场验证，现场测量、测试，调查分析等方法逐一进行了要因确认。首先编制了要因确认计划表，见表6-93。

要 因 确 认 计 划 表　　　　　　　　　　　　　　　　　表 6-93

序号	末端因素	确认内容	确认方法	标　准	负责人	完成日期
1	作业人员技能不足	施工作业人员技能水平是否满足施工要求	现场验证	技能考核平均分＞90分	×××	×月×日前
2	卷材搭接缝及收头质量不合格	卷材搭接缝与收头质量是否符合规范要求	现场验证	卷材防水层的搭接缝和收头一次验收合格率＞90%（每50m抽查1处，每处5m，且不少于3处）	××	×月×日前
3	搭接宽度不够	搭接宽度允许偏差是否在规范要求内	现场测量	卷材搭接宽度的允许偏差为－10mm	××	×月×日前
4	细部构造做法不正确	细部做法是否符合规范要求	现场验证	细部防水构造，必须符合设计要求，无渗漏，合格率100%	××	×月×日前
5	卷材铺贴工艺不当	卷材铺贴工艺是否正确	现场验证	卷材铺贴工艺适用于施工现场实际和施工完成后质量合格率达到95%，符合设计和防水要求	×××	×月×日前

序号	末端因素	确认内容	确认方法	标 准	负责人	完成日期
6	入库验收缺失	原材料是否经检验合格后使用	现场验证	1. 材料员持证上岗 2. 材料入库验收手续完整 3. 合格材料出库领用符合材料管理规定	×××	×月×日前
7	未配专用工具	施工工具是否齐全	现场验证	机具齐全，缺失为0	××	×月×日前
8	雨天及雨后施工	基层是否干燥	现场验证	基层干净、干燥，检测合格率100%	××	×月×日前
9	找平层不平整	找平层是否平整	现场测量	找平层表面平整度的允许偏差≤5mm	×××	×月×日前

制表人：×××　　　　审核人：×××　　　　制表日期：×年×月×日

（2）要因确认

针对要因确认计划表内容，小组分工明确，并进行逐条确认。

1）确认一：作业人员技能不足

确认情况：为了考察防水卷材作业人员技能水平，小组对现场卷材施工作业人员进行了防水卷材施工工艺流程、施工操作要点、卷材铺贴注意事项、卷材施工质量通病防治等理论知识与实际操作的考核。考核抽查情况如表6-94所示。

防水工技能考核表　　　　表6-94

检测项目　　　　　姓名	× × ×	× × ×	× × ×	× × ×	× × ×	× × ×	× × ×	× × ×	× × ×	× × ×	× × ×	× ×	× ×
理论考核30%	93	95	95	92	93	95	91	93	95	92	88	91	94
施工技能考核70%	91	89	89	94	91	89	90	91	89	94	95	93	89
综合得分	91.6	90.8	90.8	93.4	91.6	90.8	90.3	91.6	90.8	93.4	94.1	92.4	90.5
平均分	91.7												
标准要求	平均分>90%												

制表人：×××　　　　审核人：×××　　　　制表日期：×年×月×日

确认结果：从技能考核可以看出，防水卷材施工人员的技能达到并超过了合格标准（90分）。

确认结论：非要因。

2）确认二：卷材搭接缝与收头质量不合格

确认情况：因现场采用自粘SBS改性沥青卷材，所以采用的自粘法，考虑到施工的可靠度、防水层的收缩，以及外力使缝口翘边开缝的可能，要求接缝口密封材料封严，以提高其密封抗渗的性能。为保证接缝粘结性能，搭接部位采用热风加热。小组成员对正在施工的屋面搭接缝和收头部位的质量进行了检测（每50m抽查1处，每处5m），施工时搭接缝和收头部位合格率较高，验收检测情况见表6-95。

屋面搭接缝和收头部位质量验收检测表 表 6-95

抽检序号	1	2	3	4	5	6	7	8	9	10	11	12
是否密封	×	√	√	√	√	√	√	√	√	√	√	√
抽检序号	13	14	15	16	17	18	19	20	21	22	23	24
是否密封	√	√	√	×	√	√	√	√	√	√	√	√
抽检序号	25	26	27	28	29	30	31	32	33	34	35	36
是否密封	√	√	√	√	√	√	×	√	√	√	√	√
合格率	33÷36＝91.7%											
标准要求	合格率>90%											

制表：××× 　　　　　审核人：××× 　　　　　制表日期：×年×月×日

注：√表示密封，×表示不密封。

确认结果：符合确认标准。

确认结论：非要因。

3）确认三：搭接宽度不够

确认情况：小组成员对正在施工的淮南项目模组厂房屋面卷材搭接宽度进行了测量，发现卷材搭接宽度测量合格率为93.3%，合格率较高，满足质量要求。卷材搭接宽度测量统计情况见表6-96。

卷材搭接宽度测量统计表 表 6-96

测量编号	1	2	3	4	5	6	7	8	9	10
尺寸误差<－10mm	－6	－4	2	5	－5	2	3	6	－1	－2
检测结果	√	√	√	√	√	√	√	√	√	√
测量编号	11	12	13	14	15	16	17	18	19	20
尺寸误差<－10mm	1	3	2	－7	－4	－12	6	－5	－8	－1
检测结果	√	√	√	√	√	×	√	√	√	√
测量编号	21	22	23	24	25	26	27	28	29	30
尺寸误差<－10mm	－1	－3	1	－8	－9	－11	1	3	4	7
检测结果	√	√	√	√	√	×	√	√	√	√
合格率	93.3%									
标准要求	合格率>90%									

制表人：××× 　　　　　审核人：××× 　　　　　制表日期：×年×月×日

注：√表示合格，×表示不合格。

确认结果：符合确认标准。

确认结论：非要因。

4）确认四：细部构造做法不正确

确认情况：小组成员对项目部施工的屋面所有细部节点卷材铺设情况进行检查，发现女儿墙处节点有卷材下坠，造成渗水现象，突出屋面的构筑物粘贴卷材前没有进行预铺，有空鼓现象。

确认结果：不符合确认标准。

确认结论：要因。

5）确认五：卷材铺贴工艺不当

确认情况：小组成员抽查了项目部卷材铺贴一次交验合格率自检记录（表6-97），发现自检记录中卷材铺贴一次交验合格率均值为86.7％。小组通过现场验证施工工艺流程、检查施工质量，并分析讨论，造成卷材粘结不牢的主要原因为：卷材铺贴工艺不当。

×年××光电项目屋面卷材铺贴一次合格率统计表 　　　　表6-97

单位工程\验收项目	1号芯片厂房	2号芯片厂房	3号芯片厂房	1号外延厂房	2号外延厂房	动力站	锅炉房	氢气站	变电站
交验点数	130	130	135	127	127	49	39	62	42
返修点数	20	19	21	18	19	5	4	8	5
不合格点数	10	9	11	8	10	3	2	4	3
合格率（％）	84.6	85.4	84.4	85.8	85	89.8	89.7	87.1	88.1
合格率均值（％）	86.7								
标准要求	合格率＞90％								

制表人：×××　　　　　　　　审核人：×××　　　　　　　　制表日期：×年×月×日

确认结果：不符合确认标准。

确认结论：要因。

6）确认六：入库验收缺失

确认情况：小组对近10批次进场的防水卷材出入库情况进行了抽查（表6-98），并检查了复检报告。

入库验收情况抽查统计表 　　　　表6-98

编号\抽检项目	1	2	3	4	5	6	7	8	9	10
外观质量	合格	合格	合格	合格	合格	合格	合格	合格	合格	合格
报检结论	合格	合格	合格	合格	合格	合格	合格	合格	合格	合格
入库手续	完整	完整	完整	完整	完整	完整	完整	完整	完整	完整
复检结论	合格	合格	合格	合格	合格	合格	合格	合格	合格	合格
领用手续完整	完整	完整	完整	完整	完整	完整	完整	完整	完整	完整
标识可追溯	可	可	可	可	可	可	可	可	可	可
合格率	100％									
标准要求	合格率100％									

制表人：×××　　　　　　　　审核人：×××　　　　　　　　制表日期：×年×月×日

确认结果：符合确认标准。

确认结论：非要因。

7）确认七：未配专用工具

确认情况：经小组对现场施工人员检查，施工用压辊、滚动刷、弹线盒、卷尺、扫帚、搅拌器、料筒等机具齐全（表 6-99）。

屋面防水卷材施工用机具检查表　　　　　　表 6-99

检查项目 ＼ 机具类别	压辊	滚动刷	弹线盒	卷尺	扫帚	搅拌器	料筒	抛光机	激光检测仪
有无	√	√	√	√	√	√	√	√	√
缺失率	0	0	0	0	0	0	0	0	0

制表人：×××　　　　　　审核人：×××　　　　　　制表日期：×年×月×日

注：√表示有，×表示无。

确认结果：符合确认标准。

确认结论：非要因。

8）确认八：雨天及雨后施工

确认情况：小组成员调查发现，为保证卷材施工过程中基层干燥，项目部规定雨天禁止施工。雨后施工前由项目部质检人员检测基层干燥度，检测合格后方可开始卷材铺设。该部分施工安排由项目部控制，确保了基层干燥。小组成员采用项目部的检验方法，对即将施工的屋面基层干燥度进行了复测（用 $1m^2$ 卷材平坦干铺在找平层上，静置 3～4h 后掀开检查，找平层覆盖部位与卷材上未见水印即可铺设），复测发现基层干燥，检测方法可行。

确认结果：符合确认标准。

确认结论：非要因。

9）确认九：找平层不平整

确认情况：卷材铺设必须要保证有平整、密实、有强度、能粘结的构造基层。项目施工的屋面找平层为 40mm 厚 C20 细石混凝土压平收光。在找平层实际施工中，通常是以传统的压平收光方法，根据挂线坡度，刮杆刮平后，用木抹子搓平，达到表面平整，平整度误差用靠尺检查。项目部在 1 号外延厂房屋面防水找平层施工时，由于工期紧张，采取该方法施工的屋面防水找平层平整度合格率不高，见表 6-100。

1 号外延厂房屋面找平层质量检查表　　　　　　表 6-100

检查编号（每 $100m^2$）	1	2	3	4	5	6	7	8	9	10	11	12
平整度偏差≤5mm	2	1	3	2	4	6	4	5	6	4	3	3
检测结果	√	√	√	√	√	×	√	√	×	√	√	√
检查编号	13	14	15	16	17	18	19	20	21	22	23	24
平整度偏差≤5mm	3	2	−6	4	4	1	3	7	5	3	1	3
检测结果	√	√	×	√	√	√	√	×	√	√	√	√
检查编号	25	26	27	28	28	30	31	32	33	34	35	36
平整度偏差≤5mm	2	2	3	1	−1	6	2	3	−3	1	2	3
检测结果	√	√	√	√	√	×	√	√	√	√	√	√
合格率（%）	86.11											
标准要求	合格率＞90%											

制表人：×××　　　　　　审核人：×××　　　　　　制表日期：×年×月×日

注：√表示合格，×表示不合格。

确认结果：不符合确认标准。

确认结论：要因。

通过以上分析确认，找到了造成屋面渗漏和卷材粘结不牢 3 条主要原因：

1）卷材铺贴工艺不当；2）细部构造做法不正确；3）找平层不平整。

9. 制定对策

（1）针对以上 3 个要因，小组集思广益，总结出以下的解决方案，见表 6-101。

要因解决方案表 表 6-101

序号	要因	解决方法	可选实施方案
1	卷材铺贴工艺不当	改变铺贴施工工艺	采用湿铺满粘法施工
2	细部构造做法不正确	改变细部构造做法	1. 女儿墙处收头部位改为凹槽式，并用压条固定 2. 出屋面构筑物部位先预铺，并加附加层
3	找平层不平整	改变找平层压平收光方法	用抛光机压平收光，用激光检测仪控制平整度

制表人：×××　　　　　　审核人：×××　　　　　　制表日期：×年×月×日

（2）选出了准备实施的对策（表 6-102），并按"5W1H"的方法制定了详细的措施。

对 策 表 表 6-102

序号	要因	对策	目标	措施	实施地点	负责人	完成时间
1	卷材铺贴工艺不当	改用"湿铺法"	粘结密封性能好，无空鼓、翘边、皱褶等问题，一次铺贴合格率≥90%	研制粘结料、改用"湿铺法"、采用湿铺自粘聚合物沥青卷材	施工现场	××× ×××	×月×日前
2	细部构造做法不正确	改变细部构造做法	细部构造部位密封性好，无渗漏现象，合格率为 100%	1. 女儿墙处收头部位改为凹槽式，并用压条固定 2. 出屋面构筑物部位先预铺，再裁剪，并加附加层	施工现场	××× ××	×月×日前
3	找平层不平整	改变传统的压平收光方法	找平层表面平整度的允许偏差≤5mm	用抛光机压平收光，用激光检测仪控制平整度	施工现场	××× ××	×月×日前

制表人：×××　　　　　　审核人：×××　　　　　　制表日期：×年×月×日

10. 对策实施

对策实施一：

（1）采用 SAM-980 湿铺自粘聚合物改性沥青防水卷材

QC 小组采用现场考察、材料性能检测等方法对 SBS 改性沥青卷材和湿铺自粘聚合物改性沥青防水卷材，从时间性、稳定性、回弹性能、与基层粘结力、经济性、有效性等进行了分析评价，最终选择采用 SAM-980 湿铺自粘聚合物改性沥青防水卷材，从材料源头保证施工质量。

该产品性能及优点：1）冷施工操作，无需用明火，施工方便；2）超强粘结力，与基层粘结强度高；3）安全环保；4）抗破坏能力强；5）维修简单，维护成本低。

该产品使用过程中应注意事项：1）贮存与运输应避免雨淋日晒，注意通风，贮存温度不得高于45℃，立放贮存只能单层，运输过程中立放不超过两层，运输时防止侧斜或横压；2）使用热熔法施工时材料表面温度不宜高于200℃。

（2）采用"湿铺法"施工

针对施工过程中出现了立面粘贴不牢固，出现粘贴几个小时后卷材翘边、起折等现象，平面出现大面积皱褶等问题。结合所使用的卷材特点决定采用湿铺满粘的工艺方法。

即将粘结料均匀铺抹在基层上，厚度一般为3～5mm。然后再铺贴防水卷材，同时用压辊和滚动刷轻轻压卷材的上表面，排除卷材下面的空气，并保证卷材和粘结料紧密贴合。

（3）研制粘结料

粘结料通常为水泥基料，但采用水泥基料，虽然操作简单，但是粘结料的水灰比高低将严重影响粘结质量。为提高粘结质量，使卷材与基层可靠粘结，QC小组对粘结料的水灰比和添加料进行了反复配对和试验。最终发现采用425硅酸盐水泥和建筑胶粉料以50：1的比例进行混合搅拌形成胶状粘结剂，效果最佳。

（4）效果验证

×年×月×日～×日QC小组对采用"新材料、自制粘结料和湿铺法"施工的××项目2号接收器厂房、动力站、透镜厂房、透镜库房、锅炉房、原材料库房等6栋厂房24000m² 屋面卷材铺贴牢固效果进行检查，结果如表6-103所示。

屋面卷材铺贴牢固效果验证 表6-103

铺贴方法	铺贴地点	铺贴面积（m²）	抽检点数（个）	返修点（个）	合格点（个）	合格率（%）
湿铺法	××施工现场	24000	480	24	456	95

制表：×××　　　审核人：×××　　　制表日期：×年×月×日

对策实施二：

细部节点（平立面交接处、穿墙管等）是防水工程的薄弱环节，必须有针对性地进行合理、安全、科学的设计，并要求高质量的施工操作，才能保证屋面防水系统的整体性及密闭不透水性。

（1）女儿墙处收头部位改为凹槽式，并用压条固定，见图6-45。

（2）细部构造部位先预铺，并加附加层。

在平立面交接处、转折处、管根等部应设置卷材附加增强层，采用与大面卷材同材质的专用附加层，卷材宽度300mm。

阴阳角处理，使用渗耐阴阳角预制件（图6-46），以确保节点的完整可靠，并提高

BSR-242沥青基密封膏密封
专用收口压条及螺钉固定
砂浆封槽

图6-45 女儿墙处收头部位施工图

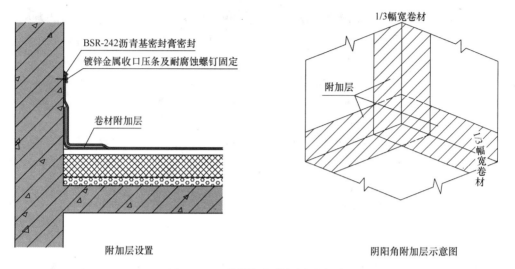

图 6-46 三维阴阳角附加层示意图

施工效率。

（3）改进出屋面管件根部（包括透气管）防水做法，如图 6-47 所示。

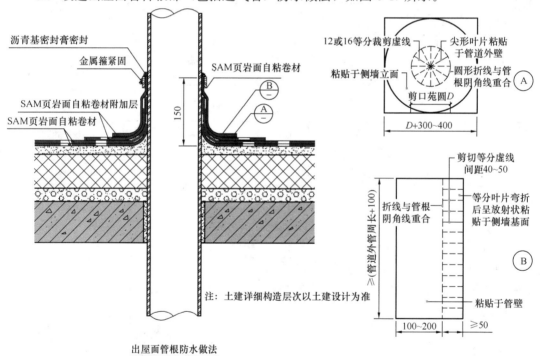

图 6-47 出屋面管件根部做法

（4）屋面水落口和屋面透气系统采用防水预制件。

（5）效果验证：

×年×月×日～×日 QC 小组对采用此法施工的××项目厂房细部构造部位进行验证检查，细部节点验收合格率为 100%，见表 6-104。

屋面细部节点质量验收统计表   表 6-104

单位工程 验收项目	2 号接收器 厂房	动力站	透镜厂房	透镜库房	锅炉房	原材料库房
不合格点	0	0	0	0	0	0
合格率（%）	100	100	100	100	100	100

制表人：×××　　　　　　审核人：×××　　　　　　制表日期：×年×月×日

对策实施三：

（1）用抛光机压平收光，用激光检测仪控制平整度。

屋面找平层 C20 细石混凝土压平收光，收光过程中，根据挂线坡度，先用刮杆刮平后，再用抛光机压平收光，收光过程中不断用激光检测仪检测平整度。保证找平层混凝土密实，表面光滑平整，并留设分格缝，分格面积不大于 36m²。

卷材铺贴前，必须先把基层认真清理，先用铲刀、扫帚等将基层表面的突起物、砂浆疙瘩等异物铲除，并将尘土杂物彻底清理干净，对阴阳角、管道根部等部位应认真清理，如油污、铁锈等，要用钢丝刷、砂纸和有机溶剂清除干净。

（2）效果验证：

×年×月×日 QC 小组对采用此法施工的淮南项目 2 号接收器厂房、动力站、透镜厂房、透镜库房、锅炉房、原材料库房等 6 栋厂房 24000m² 屋面平整度控制效果进行检查，结果如表 6-105 所示。

屋面平整度控制效果验证   表 6-105

施工方法	施工地点	铺贴面积 （m²）	抽检点数 （个）	不合格点 （个）	合格点 （个）	合格率 （%）
用抛光机压平收光，用激光 检测仪控制平整度	淮南施工 现场	24000	480	28	452	94.17

制表人：×××　　　　　　审核人：×××　　　　　　制表日期：×年×月×日

11. 效果检查

（1）实施后效果验证

×年×月×日小组对实施对策后的 6 个单体厂房屋面防水工程抽查 2310 个点位进行了分类统计，并将其与活动前的一系列相关数据进行对比，见表 6-106 及图 6-48。

屋面防水卷材一次施工不合格原因对照表   表 6-106

序号	活动前				活动后			
	调查项目	频数 （个）	累计频数 （个）	累计频率 （%）	调查项目	频数 （个）	累计频数 （个）	累计频率 （%）
1	屋面渗漏	52	52	41.6	卷材起鼓	60	60	61.9
2	卷材粘结不牢	41	93	74.4	卷材粘结不牢	15	75	77.4
3	卷材起鼓	13	106	84.8	屋面渗漏	10	85	87.7
4	防水层破损	11	117	93.6	防水层破损	8	93	95.9
5	其他	8	125	100	其他	4	97	100
	合计	N=125			合计		N=97	

制表人：×××　　　　　　审核人：×××　　　　　　制表日期：×年×月×日

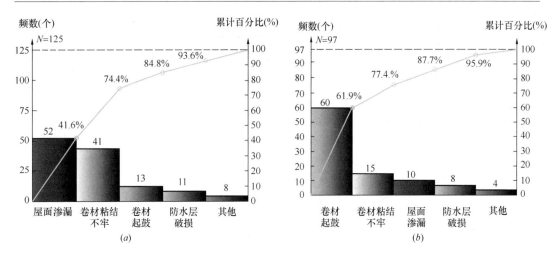

图 6-48 活动前后一次施工不合格问题对比图

(a) 活动前；(b) 活动后

制图人：×××   审核人：×××   制图日期：×年×月×日

从对比图中可以看出，影响屋面防水卷材一次施工合格率的主要症结所占的频率大幅下降，说明小组的活动取得了明显的效果。表 6-107 及图 6-49 给出了活动前后施工一次合格率及与目标值的比较情况。

活动前、活动后施工一次合格率比较表   表 6-107

项　　目	活动前	活动后
抽检点数（个）	1114	2310
一次合格数（个）	989	2213
合格率（%）	88.8	95.8

制表人：×××   制表日期：×年×月×日

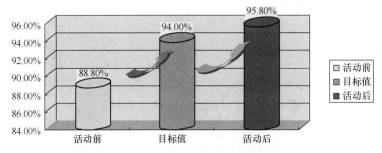

图 6-49 活动前目标与活动后效果对比图

制图人：×××   制图日期：×年×月×日

结论：通过 QC 小组的活动，屋面防水卷材一次施工合格率比活动前显著上升。屋面防水卷材一次施工合格率由活动前的 88.8% 上升到 95.8%，达到并超过了我们的活动目标。

(2) 巩固期效果验证

成果巩固期间，小组对我项目部承接施工的淮南二期工程中 3 号外延厂房、4 号外延厂房、5 号外延厂房、4 号芯片厂房、5 号芯片厂房屋面卷材一次施工合格率进行统计（图 6-50），效果令人满意。

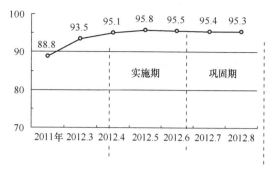

图 6-50　巩固期效果图

制图人：×××　　　　　　制图日期：×年×月×日

12. 效益分析

（1）社会效益

××××日芯光伏产业化项目一期工程进一步拓展了我公司在××综合项目上的业绩，为我公司在同类××工程施工方面积累了宝贵的经验。精细的质量过程控制，得到当地政府部门、业主、监理方的认可和多次表扬。

（2）经济效益

该成果通过使用新性材料、新的施工方法为该工程的屋面防水施工质量提供了有效保障，并创造了较可观的经济效益（表 6-108、表 6-109)：1）采用新性材料提高了屋面防水工程定额单价，为公司创造了直观的经济效益；2）采用湿铺法节省了工时，减少了劳动力的投入，节约了工程成本；3）屋面防水卷材施工质量合格率提高，减少因不合格点返工的人工费、材料费、机械台班费，节约了工程成本。

定额调整利润　　　　　　　　　　　　表 6-108

项目名称	原定额价	调整定额价	原材料价格	新材料价格
金额（元/m²）	170	220	12	32
价差（元/m²）	50		20	
利润额（万元）	(50−20)×24000＝72			

制表人：×××　　　　　　审核人：×××　　　　　　制表日期：×年×月×日

节约工程成本表　　　　　　　　　　　　表 6-109

项目名称	节省工时 100 个	节省返修费用
金额（元）	100×200＝20000	100000
合计（万元）	2＋10＝12	

制表人：×××　　　　　　审核人：×××　　　　　　制表日期：×年×月×日

总计创造经济效益为：72＋12＝84 万元 。

13. 巩固措施

（1）QC 小组活动成功后将活动成果向项目部施工管理人员进行了普及教育，将屋面防水卷材湿铺施工方法和工艺总结编写成《防水卷材湿铺施工作业指导书》。

（2）加强对施工管理和作业人员的培训教育，保证施工方法和工艺的正确性，使屋面防水卷材施工质量合格率进一步稳定提高。

（3）组织项目部管理人员以自粘高聚合物改性沥青防水卷材为例，对当前防水工程中使用延伸率较大的高聚物改性沥青卷材或合成高分子防水卷材等新材料的新特点及功能功效进行了系统学习和推广宣传。

14. 总结及今后打算

（1）QC 小组活动前后工作效果评估，见表 6-110 及图 6-51。

QC 小组自我评价表　表 6-110

序号	评估内容	活动前	活动后
1	团队精神	7	9
2	质量意识	8	9
3	个人能力	7	8
4	创新意识	6	9
5	QC 工具运用技巧	6	8
6	专业水平	7	9

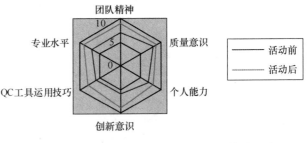

图 6-51　QC 小组活动前后工作效果评估雷达图

本次 QC 活动我们根据 PDCA 的程序，运用各种质量管理工具与统计工具，充分发挥组员间团结协作的作用，仔细观察、踊跃讨论、大胆求证，经过多次讨论和试验，拟定技术方案，最终达到了改进目标；小组成员在这次改造中开拓了思路，锻炼了技能，加强了团队精神，组员自我评价通过本次 QC 活动在各方面都有提高。

（2）下一步打算

产品质量的不断提高和质量管理体系的持续改进，是永恒的课题。我们将本次 QC 活动的成功作为基础，广泛地吸收施工管理人员、施工技术人员参加，把 QC 活动持之以恒地进行下去。我们小组下一次活动课题是：提高环氧自流平地面基层平整度。

"提高屋面防水卷材一次施工合格率"成果综合评价

1. 总体评价

该成果为现场型课题，××工程屋面防水面积 2800m²，全部为防水卷材，因厂房内部为洁净车间和精密设备，业主要求屋面防水卷材施工合格率必须达到 94%，为此小组围绕屋面防水开展活动。成果选题理由充分，有量化的目标，要因确认详细，能用数据说话；对策制定前对方案进行了对比分析，对策措施具有可操作性，对策实施较详细，实施后效果有交代。效果检查与现状调查阶段能用排列图进行对比，达到前后呼应的效果，通过小组成员的共同努力，完成了课题目标值，取得了一定的经济效益和社会效益。下次活动课题具体，小组活动符合指令性课题的循环程序，工具运用正确，能坚持用数据说话。

2. 不足之处

（1）小组概况中课题注册的时间不详。

（2）小组活动计划表中设定目标、可行性分析、原因分析、要因分析、要因确认的时间同步进行不恰当，应有时间差。

（3）可行性分析中调查的时间未作介绍。

（4）原因分析不够彻底，如：作业人员技能不足可继续分解为经验不足或培训不够；细部构造做法不正确可继续分解为是泛水做法不当或××部位做法不符合设计及标准要求。

（5）对策制定时由于原因分析不彻底，其对策表中目标不便于量化，如：细部构造做法不正确的目标量化说服力不强；另对策表负责人偏少，小组成员参与不够。

（6）经济效益计算的依据不足，说服力不强，如：价差、节省工时、节省返修费用的来源未作介绍。

（7）未把经过实施证明有效的对策措施纳入到巩固措施中，且巩固措施不具体，巩固期效果验证应在巩固措施阶段说明。

（点评人：××）

6.3 创新型 QC 成果案例及点评

建筑楼层施工防护门自动开闭装置的研制
××公司××土建三标段项目部 QC 小组

1. 工程概况

××地块土建三标段位于××市工业园区内，由××工业园区置地有限公司投资兴建，××设计院有限公司设计，××工程监理咨询有限公司进行监理，××公司总承包。本工程为住宅小区，总建筑面积 49047m^2，由 7 幢高层住宅楼（地下 1 层，地上 18 层）、17 幢 3 层连排别墅组成，建筑物总高度为 58m，共使用 7 台施工电梯，使用时间从×年×月～×年×月。本工程的质量目标为争创省"××杯"，施工现场达到江苏省级安全文明工地。

2. QC 小组概况（表 6-111）

QC 小组概况一览表   表 6-111

小组名称	××土建三标段项目部 QC 小组		成立日期	×年×月	QC 小组活动课题类型		创新型	
小组注册号	HRJT/QCXZ-2010-004		注册日期	×年×月	课题注册号		HRJT/QC-2010-004	
×年小组注册号	HRJT/QCXZ-2011-004		×年小组注册号		HRJT/QCXZ-2012-004			
活动频率	每月 2 次，每次不少于 3h			小组活动次数			12	
活动时间	×年×月			QC 教育时间		人均 32h 以上		
序号	姓名	性别	文化程度	职务	职称		组内职务	
1	×××	男	本科	项目经理	工程师		组长	
2	×××	男	大专	项目副经理	助工		副组长	
3	×××	男	大专	项目技术负责人	助工		组员	
4	××	男	大专	项目施工员	助工		组员	
5	×××	男	本科	项目资料员	技术员		组员	
6	×××	男	中专	项目材料员	技术员		组员	
7	×××	男	本科	项目技术员	技术员		组员	
8	×××	男	中专	项目安全员	技术员		组员	
9	×××	男	高中	防护门安装班长	技术员		组员	
10	×××	男	本科	分公司经理	工程师		顾问	
11	××	男	本科	公司安全副总	高级工程师		现场指导	
12	××	男	本科	公司安全主管	工程师		电气自动化	

制表人：×××　　　　　　　　　　　　　　　　　　　制表日期：×年×月×日

3. 选题理由

（1）为了确保本次课题的必要性，我们小组成员结合本工程实际，对本工程安全生产中急需解决的难点从重要性、紧迫性、难度系数和经济性进行了调查、对比与分析评价，见表6-112。

<table>
<tr><td colspan="7" style="text-align:center">小组课题选择评价表</td><td>表 6-112</td></tr>
<tr><td>序号</td><td>课题名称</td><td>重要性</td><td>紧迫性</td><td>难度系数</td><td>经济性</td><td colspan="2">综合得分</td></tr>
<tr><td>1</td><td>提高施工现场扬尘控制效果</td><td>▲</td><td>▲</td><td>▲</td><td>●</td><td colspan="2">29</td></tr>
<tr><td>2</td><td>架体与结构封堵的安全控制</td><td>★</td><td>▲</td><td>▲</td><td>★</td><td colspan="2">36</td></tr>
<tr><td>3</td><td>建筑楼层洞口防护标准化的安装新方法</td><td>▲</td><td>★</td><td>▲</td><td>●</td><td colspan="2">31</td></tr>
<tr><td>4</td><td>建筑楼层施工防护门自动开闭装置的研制</td><td>★</td><td>★</td><td>★</td><td>▲</td><td colspan="2">38</td></tr>
</table>

制表人：×××　　　　　　　　　　　　　　　　　　制图日期：×年×月×日

注：★—10分，▲—8分，●—5分。

由以上评价得出"建筑楼层施工防护门自动开闭装置的研制"是我们小组头等迫切需要攻关的课题。

（2）小组成员对苏州市有关施工现场高层建筑施工电梯防护门的调查均未有使用过自动开闭装置的楼层防护门，无同类工艺原理及技术参数可借鉴。

（3）结合公司×年下半年设备专项检查对建筑楼层施工电梯使用的防护门资料数据所掌握的特点分析如下：常规防护门的优缺点为成本低，可重复使用，手动操作，电梯司机很容易用后忘记关门，或为便于作业、省时不关门等。公司共检查45个项目，其中安装施工电梯常规防护门的项目40个4800扇门，存在忘记关门或关门不上插销的不安全因素占12%和开闭时间长（15s以上）的占60%（图6-52），所以迫切需要解决。

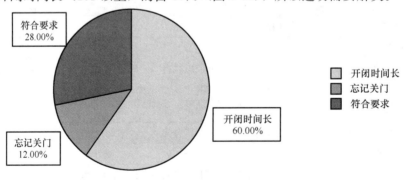

图 6-52　常规防护门不安全因素饼分图

制图人：×××　　　　　　　　　　制图日期：×年×月×日

而自动感应防护门开闭装置的优点为安全性能可靠，制作简单，安装容易，可重复使用，只是成本略高，工地可自行制作安装。

（4）常规防护门与自动感应防护门从施工现场安全文明施工的重要性对比，见图6-53。

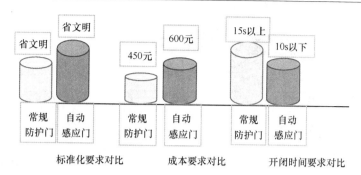

图 6-53 常规防护门与自动开闭防护门对比柱状图

制图人：×××　　　　　　　　　　　　制图日期：×年×月×日

综上分析，我们 QC 小组确定了课题为：建筑楼层施工防护门自动开闭装置的研制。

4. 设定目标

（1）确定目标：

我们 QC 小组根据上述分析，经与业主、监理及 QC 小组成员共同讨论研究，确定目标为：实现防护门自动开闭装置安装一次成功，开闭安全可靠。

（2）确定目标值：

1）开闭时间控制在 10s 以内（电磁锁门器在设定运行 10s 后断电闭合）。

2）单扇门开闭装置造价控制在 600 元以内。

（3）目标值分析：

1）作为公司的创建重点项目，公司对本工程非常重视，并要求按照公司 ISO 9001 环境、职业健康安全体系进行管理，建立完善的安全保证体系。

2）公司已有标准化的建筑楼层防护门安装图集，可供借鉴。

3）本小组有多年的 QC 活动经验和较高的安全管理能力，完成的 QC 成果先后获得中国建筑业和江苏省建筑业 QC 成果一等奖，有专门的安装队伍。

4）业主对工程创建非常支持，公司主抓安全的专业人员参与 QC 小组全过程活动，在电气自动化方面给予强力支持。

5）由于防护门由活动开启装置、固定架体装置和电气装置三部分组成，按照公司标准化的要求，我们必须要掌握好电梯笼到位后的开闭启动准确率，以确定出最佳安装方案。

通过亲和图（图 6-54）的归类、整理分析，我们得出只要加强施工电梯笼停靠楼层的开闭启动时间，所设定的目标一定能实现。

5. 提出方案，并确定最佳方案

（1）提出方案：

×年×月×日在项目部会议室召开了防护门自动开闭装置安装方案专题会，业主、监理、公司技术专家参加，与会人员详细分析了国内施工电梯防护门的安装方法和材料、环境的差异，结合本工程的实际，共提出了 3 种自动开闭安装方法。

方案一：采用电控进行自动启闭

安装原理：在建筑指定某层上按楼层呼叫器传达指令给施工电梯司机，施工电梯笼到

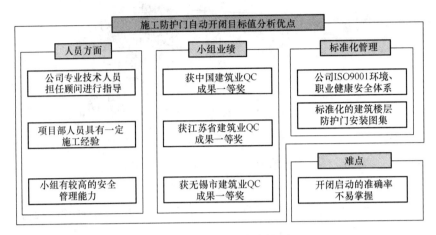

图 6-54 目标值分析亲和图

制图人：×××　　　　　　　　　制图日期：×年×月×日

达指定楼层，停靠稳定后由司机按动按钮由楼层接收器传出指令给电磁锁门器动作。电磁开关通电启动并向下运动，瞬间打开卡片刀使施工电梯料台防护门自动开启。人员及货物进入电梯笼，电磁锁门器在设定运行 10s 后断电，弹簧复位，卡片刀回至限位位置。当关上电梯防护门时，由于惯性作用，通过自制弹簧的回力，使卡片刀沿着刀口的圆弧面卡住防护门上框边缘的钢筋插销，电梯防护门自动锁合，等待下次启动，完成一个操作过程，工艺流程略。

方案二：利用声控进行自动启闭

安装原理：在建筑指定某层上按楼层呼叫器传达指令给施工电梯司机，施工电梯笼到达指定楼层，停靠稳定后由司机发出声控指令给楼层接收器接收，由接收器传出指令给电磁锁门器动作。电磁开关通电启动并向下运动，瞬间打开卡片刀使施工电梯料台防护门自动开启。人员及货物进入电梯笼，电磁锁门器在设定运行 10s 后断电，弹簧复位，卡片刀回至限位位置。当关上电梯防护门时，由于惯性作用，通过自制弹簧的回力，使卡片刀沿着刀口的圆弧面卡住防护门上框边缘的钢筋插销，电梯防护门自动锁合，等待下次启动，完成一个操作过程，工艺流程略。

方案三：利用红外线感应进行自动启闭

安装原理：在建筑指定某层上按楼层呼叫器传达指令给施工电梯司机，施工电梯笼到达指定楼层，光学接近感应发射器发出红外线与光学接近感应接收器接收，由接收器传出指令给电磁锁门器动作。电磁开关通电启动并向下运动，瞬间打开卡片刀使施工电梯料台防护门自动开启。人员及货物进入电梯笼，电磁锁门器在设定运行 10s 后断电，弹簧复位，卡片刀回至限位位置。当关上电梯防护门时，由于惯性作用，通过自制弹簧的回力，使卡片刀沿着刀口的圆弧面卡住防护门上框边缘的钢筋插销，电梯防护门自动锁合，等待下次启动，完成一个操作过程，工艺流程略。

（2）选定方案

QC 小组成员从多角度、多方位考虑，对以上 3 种方案进行对比分析，具体见表 6-113：

对 比 分 析 表 表 6-113

项 目	技术特点	经济合理性	工期	结论
方案一（采用电控进行自动启闭）	（1）每个楼层门安装电控装置，控制开关集中设置在施工电梯操作室内，启闭门时采用电控按钮开关 （2）因需布设多路电缆，线路布设较复杂，维修检查较困难 （3）由于线路布设较多，使用过程中存在许多安全隐患，必须采取安全防护措施	每个楼层门（按2个门计算）安装费用：材料（1000＋800）＋人工（200）＝2000元 每栋楼（18层）共增加费用为36000元 注：材料费为电控装置、电线电源、固定架体、活动开启装置及所用辅材	每栋楼电控设备线路安装调试需3d； 电梯到达楼层后，开关楼层门需要间隔时间	能实现目标，但线路复杂，维修困难，周转次数低，一次性投资较大，现场不能加工，适应性不强
方案二（采用声控进行自动启闭）	（1）每个楼层门安装声控装置，需开启门时，由声音进行控制 （2）由于声控装置不能完全由电梯司机单独控制，容易造成管理混乱 （3）声控设备较敏感，对周围环境的要求较高，操作时必须保证周边安静	每个楼层门（按2个门计算）安装费用：材料（1300＋400）＋人工（100）＝1800元 每栋楼（18层）共增加费用为32400元 注：材料费为声控装置、固定架体、活动开启装置及所用辅材	每栋楼声控设备线路安装调试需2d； 电梯到达楼层后，开关楼层门需要部分间隔时间	能实现目标，但安装难度较大，声控原件比较娇气，容易损坏，一次性投资较大，维修困难，不适应现场加工，较难推广
方案三（采用红外线感应进行自动启闭）	（1）在楼层门上安装光学感应装置，光学接近感应发射器发出红外线与光学接近感应接收器接收，由接收器传出指令给电磁锁门器动作。电磁开关通电启动并向下运动，瞬间打开卡片刀使施工电梯料台防护门自动开启 （2）制作安装方便简单，投入较高 （3）劳动强度相对不大	每个楼层门（按2个门计算）安装费用：材料（600＋400）＋人工（200）＝1200元 每栋楼（18层）共增加费用为21600元 注：材料费为光学感应器装置、固定架体、活动开启装置及所用辅材	每栋楼光学感应装置安装调试需2d 电梯到达楼层后，楼层门就会自动开启，大大缩短了停留时间	能实现目标，利用红外线感应，达到自动启闭的效果，原理简单，制作安装容易，但一次性投入较大

制表人：×××　　　　　　审核人：×××　　　　　　制表日期：×年×月×日

通过对以上3种方案的对比分析，我们认为方案三在技术可行性、安装难易程度、经济合理性等方面更具有优势，对此我们把方案三利用红外线感应来进行自动启闭作为可行方案。

（3）方案实施中必须研究解决的问题：

通过上述论证，实施利用红外线感应来进行自动启闭还需要解决好活动开启装置、固定架体装置和感应接收装置的质量控制三方面工作。经过小组成员的分析讨论，提出控制方案如图 6-55 所示。

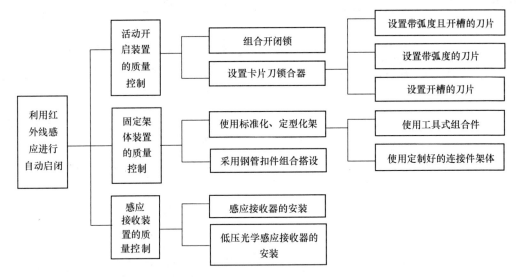

图 6-55 红外感应自动启闭装置控制方案

制图人：×××　　　　　审核人：×××　　　　　制图日期：×年×月×日

1）活动开启装置的质量控制，见表 6-114。

活动开启装置的质量控制表　　　　　　　　　　　　表 6-114

方案选定		特　点	分析结论
组合开闭锁	（1）开闭锁由锁头、锁芯、锁把组成，安装在楼层防护门上的钢筋插销上 （2）此方案增加的费用计算（按 1 栋 18 层 2 个门）： 　　　18×2×200 元/组＝7200 元 （3）工期测算 1）安装 1 栋需要增加 1d 2）因缩短开闭时间，每月可节省 2～3d	优点： （1）能从根本上解决防护门开闭安装问题，安全可靠 （2）开闭时间控制准确，使上下电梯速度加快，节约施工时间 缺点： 开闭锁为组合件，必须专业人员设计，安装要求较高	该方案安装要求较高，需增加费用
设置带弧度且开槽的刀片	（1）卡片刀锁合器由卡片刀、角钢、自制弹簧、限位钢筋组成，安装在楼层防护门的钢筋插销上。其中刀片的作用是利用弧度和开槽达到启闭效果 （2）此方案增加的费用计算（按 1 栋 18 层 2 个门）： 　　　18×2×150 元/组＝5400 元 （3）工期测算： 1）安装 1 栋需要增加 1d。 2）因缩短开闭时间，每月可节省 2～3d	优点： （1）能从根本上解决防护门开闭安装问题，安全可靠 （2）开闭时间控制准确，使上下电梯速度加快，节约施工时间 （3）制作安装简单，可进行现场加工 缺点： 加工的尺寸、角度要控制准确，自制弹簧的回力要适当	该方案制作安装简单，可现场加工

方案选定		特 点	分析结论
设置带弧度的刀片	（1）卡片刀锁合器由卡片刀、角钢、自制弹簧、限位钢筋组成，安装在楼层防护门的钢筋插销上。其中刀片的作用是利用弧度达到启闭效果 （2）此方案增加的费用计算（按 1 栋 18 层 2 个门）： 18×2×130 元/组=4680 元 （3）工期测算： 1）安装 1 栋需要增加 1d。 2）因缩短开闭时间，每月可节省 2～3d	优点： （1）能从根本上解决防护门开闭安装问题，安全可靠 （2）开闭时间控制较准确，使上下电梯速度加快，节约施工时间 （3）制作安装简单，可进行现场加工，费用较少 缺点： （1）加工的尺寸、角度要控制准确，且只靠弧度控制开启时精确度较难把握 （2）自制弹簧的回力要适当	该方案制作安装简单，可现场加工，但开闭控制精度难达到
设置开槽的刀片	（1）卡片刀锁合器由卡片刀、角钢、自制弹簧、限位钢筋组成，安装在楼层防护门的钢筋插销上。其中刀片的作用是利用开槽达到启闭效果。 （2）此方案增加的费用计算（按 1 栋 18 层 2 个门）： 18×2×120 元/组=4320 元 （3）工期测算： 1）安装 1 栋需要增加 1d。 2）因缩短开闭时间，每月可节省 2～3d	优点： （1）能从根本上解决防护门开闭安装问题，安全可靠 （2）开闭时间控制较准确，使上下电梯速度加快，节约施工时间 （3）制作安装简单，可进行现场加工，费用较少 缺点： （1）加工的尺寸要控制准确，且只靠开槽控制开启时动作不易顺畅 （2）自制弹簧的回力要适当	该方案制作安装简单，可现场加工，但开闭动作不易顺畅

制表人：×××   核对人：×××   制表日期：×年×月×日

经 QC 小组成员×××、×××、×××、×××于×年×月×日～×月×日在现场进行试验的效果分析，我们决定采用设置卡片刀锁合器，其中卡片刀采用设置带弧度且开槽的刀片。

2）固定架体装置的质量控制，见表 6-115。

固定架体装置的质量控制表　　　　　　　　　　　　　　表 6-115

方案选定		特 点	分析结论
使用工具式组合件	（1）采用工厂组合好的架体。包括纵横向转接件，在制作车间加工完成，组合安装成固定架体 （2）此方案增加的费用计算（按 1 栋 18 层，包括刷油漆）： 18×150 元/组=2700 元	优点： （1）能实现固定架体标准化 （2）定型化的架体可重复使用 缺点： （1）需要有加工厂制作 （2）加工费用较高	该方案增加加工费用较高且需要加工厂制作，但可周转使用，实际成本可降低，安装方便
使用定型好的连接件架体	（1）采用钢管制作十字定型化转接件、L 字定型化转弯件、T 字定型化转弯件，根据料台的尺寸，进行钢管下料，组合安装成固定架体 （2）此方案增加的费用计算（按 1 栋 18 层，包括刷油漆）： 18×160 元/组=2880 元	优点： （1）能从根本上解决固定架的标准化 （2）能根据现场实际调整尺寸 （3）定型化的部件可进行周转再利用 缺点： 增加制作费用较高	该方案安装方便，虽然制作费用较高，但可周转使用，实际成本可降低

方案选定		特　点	分析结论
采用钢管扣件组合搭设	（1）采用钢管扣件组合搭设，取材方便 （2）搭设质量要求较高，需专业架子工进行搭设 （3）此方案增加的费用计算（按 1 栋 18 层钢管、扣件租赁费每米 0.009 和 0.006 元共 300d 计算，包括刷油漆）： 　　18×120 元/组＝2160 元	优点： （1）能从根本上解决固定架体的搭设 （2）容易实现目标，安装快速 缺点： （1）搭设的固定架体标准化程度不够 （2）架体的安装质量不高	该方案简便，架体的安装质量不高，标准化程度不够，但费用较少

制表人：×××　　　　　　　核对人：×××　　　　　　　制表日期：×年×月×日

经 QC 小组成员×××、××、×××于×年×月×日～×月×日进行组装并根据现场安装情况分析，我们决定采用使用定制好的连接件组合标准化、定型化架体。

3）感应接收装置的质量控制，见表 6-116。

感应接收装置的质量控制表　　　　　　表 6-116

方案选定		特　点	分析结论
感应接收器的安装	（1）感应器装置由接近感应器（发射器）、接近感应器（接收器）、电磁锁门器及电线配件组成。当施工电梯笼上升至所到楼层时，发射器发出指令（红外线）与接收器接收，接收器通过与电磁锁门器的连接线传达指令，使电磁开关通电启动并向下运动，瞬间打开卡片刀使料台电梯门自动开启 （2）使用 380V 电压与感应器连接 （3）此方案增加的费用计算（按 1 栋 18 层 2 个门）： 　　18×2×120 元/组＝4320 元 （4）工期测算： 1）安装调试 1 栋需要增加 1d。 2）因缩短开闭时间，每月可节省 2～3d。	优点： （1）能快速发出指令实现目标 （2）需提供相配套的电源 缺点： 使用 380V 电源，安装不方便，存在安全隐患，容易发生触电事故	该方案技术有保证，但安全性不高
低压感应接收器的安装	（1）感应器装置由光学接近感应器（发射器）、光学接近感应器（接收器）、电磁锁门器及电线配件组成。当施工电梯笼上升至所到楼层时，发射器发出指令（红外线）与接收器接收，接收器通过与电磁锁门器的连接线传达指令，使电磁开关通电启动并向下运动，瞬间打开卡片刀使料台电梯门自动开启 （2）通过变压器将 380V 转换成 36V 安全电压，每层的电磁锁门器开关接 36V 电压，电线用 PVC 绝缘穿管，沿料台敷设 （3）此方案增加的费用计算（按 1 栋 18 层 2 个门）： 　　18×2×150 元/组＝5400 元 （4）工期测算： 1）安装调试 1 栋需要增加 1d。 2）因缩短开闭时间，每月可节省 2～3d。	优点： （1）能快速发出指令实现目标 （2）安全可靠，操作有保障 缺点： 一次性投入费用较高	该方案技术有保证，且安全可靠，可周转使用，实际成本可降低

制表人：×××　　　　　　　核对人：×××　　　　　　　制表日期：×年×月×日

经 QC 小组成员××、×××、××、××于×年×月×日～×月×日进行多次试验，并根据现场调试情况分析，我们决定采用使用低压感应接收器的方案作为红外线感应接收装置。

（4）确定最佳方案（图 6-56）

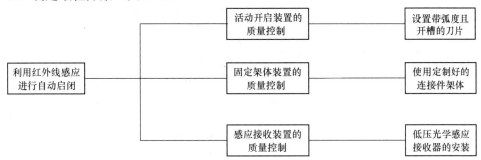

图 6-56　最佳方案

制图人：×××　　　　审核人：×××　　　　制图日期：×年×月×日

6. 制定对策（表 6-117）

对 策 表　　　　　　　　　　　　表 6-117

序号	方案	对策	目标	措　施	地点	完成时间	负责人
1	活动开启装置质量控制	设置带弧度且开槽的刀片	（1）卡片刀与角钢垂直度偏差不大于 2mm（2）卡片刀尺寸制作偏差不大于 3mm，达到卡片刀锁合器安装要求	（1）设计卡片刀和角铁的制作图纸及大样（2）卡片刀的设置和防护门活动开启装置的连接（3）限位短筋的安装，通过与角铁连接的自制弹簧来限制卡片刀的角度，以满足防护门自动开启的角度控制要求（4）焊接短钢筋，做好与弹簧连接准备（5）自制弹簧与短钢筋连接，保证卡片刀锁合器的安装	工地现场制作间	×年×月×日～×年×月×日	××××××××××
2	固定架体装置的质量控制	使用定制好的连接件架体	（1）保证固定架体标准、美观（2）安装水平度偏差不大于 2mm，使固定架体与防护门结合紧密，安全可靠	（1）制作防护门连接件架体的定型化转弯件（十字、L 字、T 字 φ50）（2）编制料台专项方案，安装施工电梯料台，每层与结构刚性连接（3）防护门固定架体及模板刷红白间油漆（4）每层安装楼层呼叫器（5）安装防护门活动开启装置	工地现场7 栋高层	×年×月×日～×年×月×日	××××××××××

序号	方案	对策	目标	措　　施	地点	完成时间	负责人
3	感应接收装置的质量控制	低压光学感应接收器的安装	（1）确保感应器的使用灵敏 （2）开闭时间控制在 10s 以内（电磁锁门器在设定运行 10s 后断电闭合）	（1）低压光学感应器装置由光学接近感应器（发射器）、光学接近感应器（接收器）、电磁锁门器及电线配件组成 （2）安装光学接近感应器（发射器），通过变压器将 380V 转换成 36V 安全电压与发射器连接；安装光学接近感应器（接收器），将光学接近感应器（接收器）与防护门活动开启装置的电磁锁门器连接 （3）进行调试，以达到目标	工地现场7 栋高层	×年×月×日～×年×月×日	××× ××× ××× ××× ××

制表人：×××　　　　　　　核对人：×××　　　　　　　制表日期：×年×月×日

7. 对策实施

实施一：设置带弧度且开槽的刀片

（1）由技术负责人×××负责设计卡片刀和角铁的制作图纸及大样，×××安装班组进行加工。卡片刀为 3mm 厚的钢板，角铁采用 L50mm×50mm。

（2）卡片刀设置在防护门活动开启装置的钢管和角铁（L50mm×50mm）垂直固定连接的架体上，通过螺丝固定于角铁并与防护门固定架体装置的十字钢管连接，卡片刀的凹槽与防护门上框边缘的钢筋插销（Φ10mm）相锁，以达到自动开启的要求，图略。

（3）角铁上设置限位钢筋，通过与角铁连接的自制弹簧来限制卡片刀的角度，以满足防护门自动开启的角度控制要求。安装直径 6mm 圆钢（长 55mm）的限位钢筋，角度 30°。

（4）在卡片刀和角铁上焊接短钢筋（Φ6mm×20mm），焊缝为点焊，短钢筋上 8mm 处开 1mm 深槽用 19 号钢丝固定弹簧（0.3mm×10mm×90mm），并在 15mm 处用开口销（镀锌）卡住。短钢筋通过车床进行加工钻 $\phi2mm$ 孔。

（5）采用长 90mm（0.3mm×10mm×90mm）的自制弹簧，一端与卡片刀上的短钢筋连接，另一端与角铁上的短钢筋连接。

实施效果验证：×年×月×日，由项目部经理×××组织人员对卡片刀的加工质量进行跟踪检查和验收，卡片刀的安装质量符合要求，保证了卡片刀锁合器的安装，见检测数据表 6-118。

实施效果检测数据表（一）　　　　　　表 6-118

名称	控制标准	1组	2组	3组	4组	5组	6组	7组	8组	备注
卡片刀与角钢垂直度（mm）	偏差≤2mm	1.7	2	1.8	1.6	2	1.8	1.9	1.6	每组以每层两个门检测
卡片刀尺寸制作（mm）	偏差≤3mm	2.8	2.7	2.9	3	2.5	2.5	2.8	3	

制表人：×××　　　　　　　核对人：×××　　　　　　　制表日期：×年×月×日

实施二：使用定制好的连接件架体

(1) 防护门连接件架体由定制好的连接件钢管（φ48mm）、定型化转弯件（十字、L字、T字φ50mm）及模板组成。防护门活动开启装置的角铁与固定架体装置上的十字钢管用螺栓固定，架体装置与施工电梯料台的立杆用扣件上下固定，架体外侧用模板全封闭，采用螺钉与钢管固定。

(2) 由技术负责人×××编制了钢管扣件料台搭设专项方案，经公司总工审批。×年×月×日开始安装施工电梯料台，搭设高度超过30m在8层工字钢悬挑层处进行卸载，每层与结构刚性连接。钢管施工料台上满铺4cm厚木板，全封闭，达到不掉落石子和废物的目的。

(3) 对防护门固定架体刷红白相间油漆，间隔500mm，包括十字定型化转弯件2个/层、L字定型化转弯件4个/层、T字定型化转弯件4个/层，全部刷红漆。模板宽度按料台尺寸确定，高度1.8m，并刷红白相间油漆，其上挂楼层标识牌。按照料台的尺寸量好长、宽、高，进行钢管下料，并进行定型化组装。在十字定型化转弯件端头焊5mm厚的钢板（48mm×48mm，材质Q235B，中间开φ5mm的孔）。把下好料的模板用螺钉与防护门固定架体固定，用扣件与料台的立杆上下连接两道。

(4) 每层安装楼层呼叫器，将楼层呼叫器安装在防护门固定架体上模板的两侧，一般每层安装2只，每只与施工电梯笼连接，使每只笼上下运输独立运行。

(5) 安装防护门活动开启装置。将防护门固定架体上的十字钢管与防护门活动开启装置上的角铁以及卡片刀进行连接，用φ4.8mm的六角螺栓固定（不得紧固）。

实施效果验证：×年×月×日，由项目部负责人×××组织对架体的安装质量检查和验收，各楼层固定架体与防护门结合紧密，安全可靠，安装一次成型，稳定性能好。见检查数据表6-119。

实施效果检查数据表（二）   表 6-119

名称	控制标准	1栋6层	2栋8层	3栋11层	4栋7层	5栋15层	6栋12层	7栋16层	备注
架体安装水平度（mm）	偏差≤2mm	1.8	1.9	2	1.7	1.6	1.7	2	每层架体检测

制表人：×××   核对人：×××   制表日期：×年×月×日

实施三：低压光学感应器的安装

(1) 低压光学感应器装置由光学接近感应器（发射器）、光学接近感应器（接收器）、电磁锁门器及电线配件组成。电磁锁门器触头一端通过铁质连接杆固定在卡片刀上，另一端固定在角铁上，当施工电梯笼上升至所到楼层时，发射器发出指令（红外线）与接收器接收，接收器通过与电磁锁门器的连接线传达指令，使电磁开关通电启动并向下运动，瞬间打开卡片刀使料台电梯门自动开启。断电后通过自制弹簧的回力，使卡片刀卡住防护门上框边缘的钢筋插销，电梯门自动锁合。

(2) 在每个施工电梯笼上安装光学接近感应器（发射器）各1只，通过变压器将380V转换成36V安全电压与发射器连接；每层的料台上安装光学接近感应器（接收器）2只，将光学接近感应器（接收器）与防护门活动开启装置的电磁锁门器连接。电磁锁门器的安装一端通过铁质连接杆固定在卡片刀上，另一端固定在角铁上。每层的电磁锁门器开关接36V电压，通过变压器将380V转换成36V安全电压，电线用PVC绝缘穿管，沿料台规范敷设固定。

（3）调试：由项目技术负责人×××负责，于×年×月×日组员人员开始进行调试。

1）在指定某层上按楼层呼叫器传达指令给施工电梯司机，施工电梯笼到达指定楼层，光学接近感应器（发射器）发出红外线与接收器接收，由接收器传出指令给电磁锁门器动作。

2）电磁开关通电启动并向下运动，瞬间打开卡片刀使料台电梯门自动开启。人员进入电梯笼，完成一次操作过程。

3）电磁锁门器在设定运行10s后断电，弹簧复位，卡片刀回至限位位置。当关上电梯防护门时，由于惯性作用，通过自制弹簧的回力，使卡片刀沿着刀口的圆弧面卡住防护门上框边缘的钢筋插销，电梯门卡片刀锁合。

实施效果验证：×年×月×日，由项目经理×××组织对自动开闭装置组织检查和验收，各楼层防护门自动开闭良好，感应器使用灵敏、操作控制方便，效果显著，见检查数据表6-120。

实施效果检查数据表（三）　　　　　表6-120

名称	控制标准	1栋6层	2栋8层	3栋11层	4栋7层	5栋15层	6栋12层	7栋16层	备注
开闭时间	控制在10s以内	9.5s	10s	9s	9.5s	10s	9.5s	9s	每层按2个门检测
断电闭合时间	设定运行10s	10s	10s	10s	10s	10s	10s	10s	每层按2个门检测

制表人：×××　　　　　　　核对人：×××　　　　　　　制表日期：×年×月×日

8. 效果检查

（1）运行效果

×年×月×日，小组成员对已安装完毕的建筑楼层施工防护门自动开闭装置进行了全面运行检查。

针对目前国内无施工防护门自动感应开闭装置安装质量验收标准，我们根据江苏省发布的《建筑工程施工机械安装质量检验规程》DGJ 32/J65—2008、《江苏省建筑施工安全质量标准化管理标准》DGJ 32/J66—2008 和住房和城乡建设部发布的《建筑工程施工质量验收统一标准》GB 50300 制定了《建筑施工防护门自动开闭装置安装》的验收标准，见表6-121。

《建筑施工防护门自动开闭装置安装》的验收标准　　　　　表6-121

序号	检查项目	验收标准 允许偏差（≤）	检验方法
1	安装水平度	2mm	水平仪
2	卡片刀与角钢垂直度	2mm	激光经纬仪
3	卡片刀弧度	1mm	半径规
4	卡片刀尺寸制作偏差	3mm	钢板尺
5	电磁开关安装位置偏差	1mm	钢板尺
6	弹簧弹力	1N	弹簧测力计
7	感应器安装偏差	20mm	卷尺

制表人：×××　　　　　　　检测人：××、×××　　　　　　　制表日期：×年×月×日

经过来回 100 次的运行检验，防护门自动启闭灵活，开启平稳，达到了设计的预定值。研制楼层自动启闭装置一次安装成功，可以投入正式使用。表 6-122 给出了 7 栋高层防护门自动开闭装置验收实测情况。

7 栋高层防护门自动开闭装置验收实测表 表 6-122

序号	检查项目	验收标准	实测数据（100 点）平均值	与标准对比
		允许偏差（≤）		
1	安装水平度	2mm	1.87mm	满足
2	卡片刀与角钢垂直度	2mm	1.92mm	满足
3	卡片刀弧度	1mm	0.99mm	满足
4	卡片刀尺寸制作偏差	3mm	2.87mm	满足
5	电磁开关安装位置偏差	1mm	1mm	满足
6	弹簧弹力	1N	1N	满足
7	感应器安装偏差	20mm	18.5mm	满足

制表人：×××　　　　　　检测人：××、×××　　　　　　制表日期：×年×月×日

（2）活动目标检查

在运行了半年后，×年×月×日，我们对创新研制的楼层防护门自动开闭装置使用情况进行了确认，其活动目标完成情况取得以下效果。

1）防护门自动开闭时间：安装了自动启闭装置后，电梯到达所在楼层后，防护门能自动开启，电梯离开该楼层时，防护门能自动关闭，电梯上下经过不需停留的楼层时，防护门完全处于常闭状态。全面实现了开闭时间控制在 10s 以内（电磁锁门器在设定运行 10s 后断电闭合）目标值，见表 6-123。

活动目标检查数据表 表 6-123

名称	控制标准	1 栋 18 层	2 栋 18 层	3 栋 18 层	4 栋 18 层	5 栋 18 层	6 栋 18 层	7 栋 18 层	备注
开闭时间	控制在 10s 以内	平均 9.6s	平均 9.9s	平均 9.3s	平均 9.5s	平均 10s	平均 9.8mm	平均 9.1s	每层按 2 个门检测
断电闭合时间	设定运行 10s	10s	10s	10s	10s	10s	10s	10s	每层按 2 个门检测

制表人：×××　　　　　　核对人：×××　　　　　　制表日期：×年×月×日

2）我们研制的自动开闭装置，制作简单，在原有的防护门基础上增加了一套启闭装置，单扇门的费用增加不足 600 元，而且装拆方便可重复使用，很适合现行工地制作安装。具体成本费用如下：

1）活动开启装置卡片刀锁合器由卡片刀、角钢、自制弹簧、限位钢筋组成，此方案增加的费用为 150 元/组。

2）固定架体装置增加的费用计算包括刷油漆为 160 元/组。

3）感应接收装置增加的费用计算为 150 元/组。

每个楼层门（按 2 个门计算）安装费用：材料（300＋300＋320）＋人工（200）＝1120 元

<600 元/单扇门×2＝1200 元。

经济效益分析：因装置缩短开闭时间，每月可节省 2～3d。施工电梯使用总工期为 10 个月，共可节约 20d，提高了工作效率。经核算，减少施工人员工资费用 100 人×20 工日 ×200 元/工日×30%（工作效率）＝12 万元。按装置周转三次计算，1120×18×7＝14.11 万元/3＝4.7 万元＋损耗 2 万元＝6.7 万元，节约费用：12－6.7＝5.3 万元，见目标值完成情况对比图 6-57。

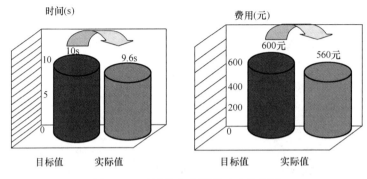

图 6-57 目标值完成情况对比柱状图

制图人：×××   制图日期：×年×月×日

4）由于安装了自动启闭装置，楼层防护门与电梯联动，实现了防护门启闭自动化，完全不用人来操作，消除了诸多人为的不安全因素，确保了施工安全。

（3）通过 QC 小组活动，为公司及项目部培养了一批敢于创新的技术骨干，同时也培养了一支技术力量过硬的施工队伍，为本工程创建奠定了基础。

（4）社会效益：通过建筑机械设备在垂直运输中的惯性和红外感应功能，使防护门上框关闭时自动锁合，人员需要乘坐施工电梯到达楼层位置时自动开启，使用方便，安全性能好，由此解决了高楼层的货物运输一般都是通过手动开启，操作不方便，不安全的难题。主要设备装置可重复使用，符合绿色建筑发展方向，推广应用前景甚广。

×年×月本工程获得了××省级安全文明工地称号。

9. 巩固措施

（1）通过本次 QC 活动，小组于×年×月编写了"建筑楼层施工防护门自动感应开闭装置安装工法"，经公司申报，×年×月通过了教育部科技查新工作站（L08）××大学的查新，填补了国内建筑楼层施工防护门自动感应开闭技术的空白，获得了×年度××省省级施工工法，技术水平处于国内领先水平。

（2）该技术已申请了国家知识产权，专利号：××.×。

（3）在本次活动目标实现的基础上，完善了公司安装工程质量验收标准（表 6-124），并被列入《企业建筑工程施工工艺标准》HRJT/QB-2012 第 2 版中，经总经理批准于×年×月×日发布实施。

《建筑施工防护门自动开闭装置安装》质量企业验收标准   表 6-124

序号	检查项目	验收标准	检验方法
		允许偏差（不大于）	
1	安装水平度	2mm	水平仪

续表

序号	检查项目	验收标准	检验方法
		允许偏差（不大于）	
2	卡片刀与角钢垂直度	2mm	激光经纬仪
3	卡片刀弧度	1mm	半径规
4	卡片刀尺寸制作偏差	3mm	钢板尺
5	相邻板材板螺栓孔错位	1mm	钢板尺
6	电磁开关接地电阻	小于4Ω	欧姆表
7	电磁开关安装位置偏差	1mm	钢板尺
8	弹簧弹力	1N	弹簧测力计
9	感应器安装偏差	20mm	卷尺
10	限位钢筋点焊验收	焊缝表面不得有气孔、夹渣和肉眼可见裂纹	观感检查

制表人：×××   制表日期：×年×月×日

10. 体会与打算：

（1）通过 QC 小组活动，使我们小组成员的管理意识、团队精神、敬业精神、协作精神和工作的自觉性、主动性得到了增强，综合素质得到了很大的提高，我们进行了自我评价，见表 6-125 和图 6-58。

综 合 自 我 评 价 表   表 6-125

项　　目	自 我 评 价		
	活动前（分）	活动后（分）	活动感言
管理意识	4	4.5	很大提高
协作精神	3.5	4.5	提高了一大步
工作主动性	3.5	4.5	提高了一大步
解决问题的信心	4	5	提高了一大步
团队精神	4	4.5	很大提高

制表人：×××   制表日期：×年×月×日

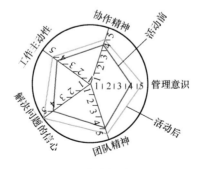

图 6-58　自我评价雷达图

制图人：×××　　　　　制图日期：×年×月×日

（2）在 QC 小组的活动中，我们运用新工艺、新方法，使楼层防护门的安全得到了保证，实现了预期目标。我们将抓住创建这一契机，围绕"质量、安全生产"这一永恒的主题，不断学习和创新，为企业和社会做出更大的贡献。本 QC 小组拟将"建筑外立面装饰细节施工方法创新"作为下一个 QC 活动课题。

"建筑楼层施工防护门自动开闭装置的研制"成果综合评价

1. 综合评价

该成果为创新型课题，小组成员对创新型课题活动程序掌握得比较好，是一篇总结得比较好的成果报告。

课题"建筑楼层施工防护门自动开闭装置的研制"，简洁明了，体现了创新要求；设定的目标，既有定性，也有定量的指标，并进行了目标分析；提出的方案，既有工艺流程，又有示意图，图文并茂，一目了然；方案对比分析，分别从技术特点、经济合理性、工期等方面展开并做出了结论；对确定的方案、需要解决的主要问题，均有多个方案进行比选；对策表措施具体详细，具有可操作性；对策实施部分同样做到图文结合，条理清晰，对实施效果做到了及时跟踪检查并进行了定性、定量分析；效果检查有图片、有数据，并与目标进行了对比，前后呼应；巩固措施已形成了省级工法，核心技术经过查新，证实填补了国内空白，且申请了实用新型专利；通过本次 QC 小组活动，小组成员团队协作创新精神、解决问题的能力等均有所提高，积累了经验；下一阶段的活动课题也已明确。

2. 不足之处

（1）亲和图应是把收集到的关于某一特定主题的意见、观点、想法和问题，按它们的相互亲近程度整理、归类、汇总的一种图示技术，本成果在设定目标时，将一些已既成事实的业绩、标准等用亲和图的方式归类，进行目标值分析，工具运用欠妥。

（2）有些图表的制图、制表人、日期未标注，需加以完善。

（3）对策实施中如果有一些实物照片会更好一点。

（点评人：×××）

参 考 文 献

[1] 中国质量协会编著. QC 小组基础教材(修订版). 北京：中国社会出版社，2008.

[2] 中国质量协会编著. QC 小组活动指南. 北京：中国社会出版社，2010.

[3] 中国质量协会质量管理小组工作委员会. 开展"创新型"课题 QC 小组活动实施指导意见(2006).

[4] 中国建筑业协会工程建设质量管理分会. 工程建设 QC 小组基础教材. 北京：中国建筑工业出版社，2010.

[5] 国家质量技术监督局. 常规控制图 GB/T 4091—2001. 北京：中国标准出版社，2001.

[6] 中国建筑业协会工程建设质量管理分会编制. 全国工程建设优秀 QC 小组活动成果交流会成果选编(2010～2013).